萧班学习进步工具箱丛书

让孩子自然形成好习惯

家长省心的亲子沟通指南

肖晶——著

机械工业出版社
CHINA MACHINE PRESS

习惯决定孩子一生，没有一个家长不想将自己的孩子培养成拥有好习惯的孩子。但好习惯的培养不能只靠简单的说教，需要家长掌握科学的教育方法并按照其中的规律去做才能事半功倍。本书基于心理学领域最新的研究成果，讲述了从孩子学习习惯到生活习惯等各方面良好习惯的科学培养方法，能帮助家长精准解决孩子教养过程中相关的痛点，是家长和儿童、青少年教育从业者们的必读书。

图书在版编目（CIP）数据

让孩子自然形成好习惯 : 家长省心的亲子沟通指南 /
肖晶著. -- 北京 : 机械工业出版社 , 2025. 3. --（萧
班学习进步工具箱丛书）. -- ISBN 978-7-111-77910-0

I. B842. 6 ; G78

中国国家版本馆 CIP 数据核字第 2025ZW6186 号

机械工业出版社（北京市百万庄大街 22 号 邮政编码 100037）
策划编辑：邹慧颖　　　　　　　　责任编辑：邹慧颖　彭　箫
责任校对：李可意　张雨霏　景　飞　责任印制：单爱军
保定市中画美凯印刷有限公司印刷
2025 年 6 月第 1 版第 1 次印刷
147mm × 210mm · 10.875 印张 · 1 插页 · 250 千字
标准书号：ISBN 978-7-111-77910-0
定价：59.80 元

电话服务　　　　　　　　　　　网络服务
客服电话：010-88361066　　　机 工 官 网：www.cmpbook.com
　　　　　010-88379833　　　机 工 官 博：weibo.com/cmp1952
　　　　　010-68326294　　　金 书 网：www.golden-book.com
封底无防伪标均为盗版　　　机工教育服务网：www.cmpedu.com

前言

学习进步的秘密：
好习惯如何让孩子成功逆袭

作为一名心理学教授，在我以往的职业生涯中，我走遍了近千所学校，帮助了超过两万名家长解决孩子成长与学习过程中的各种问题。多年的观察与实践让我意识到，破解学生学习与成长难题的关键在于——让好习惯自然发生。然而，令人遗憾的是，大多数家长和教师在"习惯养成"这一话题上存在着根本的误解，导致无法有效帮助孩子养成好习惯。

许多家长都深知"好习惯带来好人生"的道理，但大多数家长和教师对"习惯养成"的真正科学原理缺乏深入的了解。我在与无数家长和教师交流之后，发现一些传统的习惯养成的教育误区依然广泛存在。例如：

"孩子习惯的养成，最重要的是家长与老师的监督和奖励。"

"要想让孩子养成好习惯，就需要多给孩子讲道理。"

"21 天可以养成一个好习惯。"

"只要解决了孩子沉迷手机的坏习惯，学习问题就能迎刃而解。"

如果我告诉你，以上的观点其实是错误的，你可能会感到震惊。基于我与数千名家长的深入交流，我决定写这本书，帮助大家走出这些误区，并通过科学的方法真正帮助孩子养成好习惯。

这本书是我多年科研成果的结晶，也是我们团队对青少年行为机制进行深入研究的成果。书中的科学发现不仅挑战了传统的教育观念，也为家长和教师提供了全新的方法和策略。我希望能通过这本书，帮助家长们掌握科学且实用的习惯养成方法，解决他们在家庭教育过程中最常遇到的困惑。

为什么好习惯等于好人生

在我们传统的教育观念中，习惯的养成通常被认为是通过不断地教育说服和严格的监管来完成的。然而，经过多年的研究，我们发现这一观点并不完全符合大脑的工作原理。我们的团队有一个令人震惊的科学发现：习惯的形成并非依赖高强度的监管或反复的道理讲解，而是通过高密度稳定重复的行为模式，将某些行为自动化，使其成为我们大脑无须再过多监管的"自动行为"。

你是否曾注意到，成绩优秀的孩子往往看起来学得更从容轻松？这一切的背后，正是因为他们在学习中已经养成了大量的好习惯。简单来说，习惯是由若干个行为组成的"行为单元"，这些行为如果按规律反复发生，大脑会自动将其打包，形成程序化的记忆模块。大脑习惯性地将这些行为组合看作"常规程序"，并在未来需要完成任务时自动触发这些程序，不需要再次思考如何做出行为决策，由此减少额外的脑力消耗。

换句话说，当一个孩子养成了多种良好的学习习惯时，这些习惯性行为会自动转化为有效的学习行为，帮孩子释放出大量的大脑资源，使得他们能够将精力集中在应对更具挑战性的学习任务上。而学习习惯不良的孩子，则不断耗费大脑的决策资源，反复考虑要不要学习、如何学习等问题，这极大地影响了他们的学习效率和思维能力。

这也意味着，养成了大量好习惯的孩子与未养成好习惯的孩子，在学习与成长上的差距将越发显著。每一个好的学习习惯的背后，都是若干个有效学习行为的组合。好习惯越多，自动化的学习行为就越强，孩子的大脑也就越能够更轻松地处理复杂问题。而这种"程序化记忆"模式的形成，意味着他们在长期学习过程中将取得更大的进步。因此，"好习惯等于好人生"这一说法，不仅仅是一句口号，也有着深厚的科学依据。

我们之所以对这一发现感到如此震撼，是因为我们常常在教育中忽略了习惯的重要性，进而忽视了它对孩子学习和成长的深远影响。成绩好的孩子，往往有更多的好习惯在背后支撑，这些习惯自动引导他们进入高效学习的状态，而无须额外消耗精力去做无意义的决策。有了这些已成为"程序化记忆"的好习惯，孩子的学习和成长便不再依靠痛苦的努力和挣扎，而是自然而然地迈向成功。

这一科学发现不仅深刻地改变了我们对于习惯养成的认知，也为我们提供了更为科学的培养好习惯的方法。在本书中，我将与你分享如何通过行为的重复和环境的自然引导，帮助孩子养成这些好习惯，从而释放出更多的大脑资源，让他们在学习和成长的道路上不断前行。

习惯养成规律的科学突破

关于习惯养成，传统教育往往强调通过说服与监管来培养孩子的好习惯。然而，我们团队最近的研究发现，负责习惯形成的大脑区域，并不如我们想象的那样位于高级认知脑区，而是更多集中在负责视觉、运动等功能的低级认知区域。这一发现打破了传统的教育理念：习惯的养成并非单靠讲道理或强力监管来实现，而是需要构建看得见、摸得着的行为教育场景，通过高密度的行为重复和环境的自然引导，逐步让习惯自然而然地形成。

我们发现，越是强调讲道理与高强度监管的教育模式，好习惯反而越难养成，它们甚至可能会阻碍习惯的形成。比如，考前对学习行为的意义进行强调和对孩子进行严格的监管，它们的效果通常会随着考试结束而消失无踪。家长常常监督孩子在家写作业，一旦家长出差或疏于监管，孩子的学习行为就会瞬间改变。这一现象说明，习惯的养成不应依赖外部监管，而是应通过高频的、自然的行为重复和适宜的环境来促成。

我希望通过本书，将我们关于习惯养成的科学规律，以及如何通过构建"看得见"的教育场景、高密度的行为重复帮助孩子自然培养好习惯的方法，分享给广大父母和教育工作者。读完本书，你将不仅明白习惯养成的重要性，还能掌握如何从科学角度切入，帮助孩子真正实现习惯的自发性养成。

本书的核心价值与目标

本书的核心目标就是帮助家长理解习惯养成的科学原理，并在此基础上提供具体、可操作的方法。我们不只是停留在理论的层面，而是基于多年的研究与实践，提供切实可行的解决方案，帮助家长和教育工作者更好地应对孩子在成长过程中的习惯问题。

为什么选择这本书

我不仅是一名心理学教授，长期致力于儿童心理健康和学习进步的研究，还拥有一个强大的科研团队。我们的团队成员包括国内外顶级心理学与教育学专家。这本书是我们多年来不断优化的成果，所有的方法和技巧都通过了大量家长实践的验证。与市面上许多家庭教育图书不同，本书所提供的内容不是简单的经验分享，而是基于严谨的科学研究，结合了实际案例和科学数据，为家长提供由科学支撑的家庭教育建议。

本书的独特之处

本书的独特之处在于它首次将"孩子，你要听妈妈的话"这一传统理念转化为一套科学、可操作的习惯训练与沟通方案。我们不仅结合科研成果，还通过一百多位来自全国各地知名学校的家长实践经验，展示了方法的实用性与有效性。我们采用科学与实践相结合的模式，使本书既具权威性，又富有实践价值。

本书的结构

本书包含五大部分。

习惯养成的重难点：分析习惯养成过程中的挑战和误区，揭示孩子成长过程中常见的痛点和难题。

习惯养成沟通方法的基本知识：介绍有效沟通的基础理论和技巧，帮助家长掌握与孩子沟通的正确方法。

学习场景下的沟通实践：提供可在孩子学习过程中应用的具体沟通技巧，帮助家长解决学习中的具体问题。

生活场景下的沟通实践：针对孩子的日常生活，提供实用的沟通策略，帮助家长建立与孩子的亲密关系。

成长场景下的沟通实践：针对孩子成长过程中的特殊问题，如说谎、不讲礼貌等，提供相应的沟通方法。

本书的构建过程

本书是基于我们团队近两年来不断优化的科研成果写作而成。从家长普遍反映的困惑出发，我们将孩子的习惯问题分为学习习惯、生活习惯和成长习惯，系统地提供解决方案。每个章节都紧扣家长的痛点，避免填鸭式教育，从困惑的根源出发，帮助你理解科学原理，掌握解决问题的方法。

我们的目标不仅是解决当前的困惑，更希望通过本书提供的工具和方法，帮助家长培养长远的育儿技巧和策略。

如何使用这本书

本书结合了大量科学研究和实用技巧，内容深入浅出。为了达到最佳阅读效果，建议你在安静的地方阅读并做笔记，将书中的方法应用到实际教养过程中。通过本书，你将能够真正学会如何帮助孩子养成好习惯，并在实践中实现这些方法。

结语

好习惯是孩子学习进步的基础，让家长省心的好习惯自然发生！

肖晶

2025 年 2 月 24 日

目录

1

第一部分

第 1 章

养成好习惯为什么可以受益终身

养成好习惯的重要性

养成好习惯是育儿的关键。无论是在生活、成长还是学习中，习惯的作用都是不可忽视的。拥有好习惯的孩子和没有好习惯的孩子，他们的学习、成长和生活可能是完全不同的状态。因此我强烈建议你要重视孩子好习惯的养成。

习惯的质量决定了孩子的学习、成长和生活的质量。习惯对我们的生活影响深远。美国心理学之父威廉·詹姆斯（William James）在一百多年前就曾说过，我们每天的生活中有 99% 甚至 99.99% 的行为都是自动化的习惯行为。虽然这有些夸张，但事实上，我们每天至少有一半的行为是由习惯驱动的。这表明习惯对于每个人的生活至关重要。因为我们的大部分行为其实是由习惯在支配，所以，习惯方面的一点点差异经过时间的累积会使人的生活产生巨大的差异。因此，本书提出一个非常新颖的观点：

习惯的质量，就是我们人生的质量。习惯的差异决定了人生的差异。

因此，当我们关注孩子们的学习和成长时，我们发现，造成孩子在学习和成长过程中的个体差异的实际上并不是智力、财富，甚至不是努力和勤奋以及学习条件，而是孩子每天、每时每刻的学习、成长和生活习惯的质量。因此，家长们一定要非常重视对孩子好习惯的培养。

最近我还在思考一个问题：孩子习惯的质量其实会直接影响家庭教育的难度。孩子拥有好习惯可以极大地降低家长教育的成本和精力的投入。举个例子，我曾经与一位来自西北农村、孩子考上北京大学的妈妈进行了一次深入交流，我问她："您的孩子成绩这么好，您是如何培养的？"这位家长非常朴实，她告诉我，她自己没有太多文化，孩子的课本她也看不懂，没有能力辅导孩子的学习。家里条件也不太好，所以孩子在学习之余还要帮家里干一些农活。她确实没有什么高深的教育经验可以分享。

她说她真不是谦虚，平时自己干农活特别忙，孩子的学习她真没有怎么管过，也不会管。我继续问她："从孩子小的时候，您最重视培养孩子哪些方面的优秀品质？"这位妈妈告诉我，她非常重视孩子习惯的养成，而且都是通过生活中的点滴来教导孩子。例如，干农活要按照流程走，种完庄稼后要收拾农具，做事情要有始有终。比如什么时候必须锄地浇水，否则收成就不好。这些事情都要有条理地按自然规律去做。并且，重要的事情要按正确的方法重复做，这样才能事半功倍。

基于此，我提出了一个非常重要的习惯养成的观点：习惯的养成在于把复杂的事情结构化、简单化，并通过重复正确的行为使其成为习惯。孩子如果没有养成好的习惯，家长教育起来就会非常辛苦。比如说，在陪孩子写作业时，家长经常会遇到"不写作业，母慈子孝，一写作业，鸡飞狗跳"的情况。在孩子写作业的过程中，家长需要不断地催促、监督孩子，整个过程就像推着石头上坡，非常辛苦。如果孩子养成了好的习惯，整个过程就会变得极其简单。

拥有良好习惯的孩子，可以自动地完成学习任务，这就是习惯带来的福利。我再给大家讲一个例子。我们曾与一些学校合作，发现成绩特别好的班级，学生们往往在班主任不在的时候也能保持良好的纪律和学习习惯。如果一个班级在自习课或课间操时，无论老师在不在，学生都能保持同样的纪律和秩序，那么就可以认为这个班级的学生养成了非常好的学习习惯。反之，如果所有的纪律都靠班主任监管，一旦班主任不在，整个班级的秩序就会乱套。

所以，在习惯养成之前，人的学习行为、生活行为和成长主要靠外力推动。虽然这些行为可以完成，但人会非常累且行为不持久，无法保持稳定状态。然而，一旦养成习惯，行为就能自动化发生，这极大地减少了家长在家庭教育方面的难度以及精力和时间的投入。因此，培养孩子良好的习惯对于家长教育孩子来说，是事半功倍的关键。

家长们需要认识到，习惯的培养并不只是简单的重复行为，而是要通过正确的方法让这些行为变得自动化。好的习惯让孩子在没有外界压力的情况下，也能自发地完成学习任务，从而提高学习效率，减轻家长的负担。我们要关注如何通过科学的方法培养孩子的好习惯，这样才能让孩子在未来的学习和生活中受益终身。

习惯与行为的差别

我们既然知道了习惯对于孩子的学习、成长和生活如此重要，那么我们就有必要掌握习惯的形成原理。而要解决与习惯相关的问题，也必须了解习惯的特征是什么。

要了解习惯的原理，我们先从习惯和行为的差别开始讲起。你平时关注的其实是孩子的行为，比如孩子写作业或者玩手机，这些都是孩子在生活中的行为。

行为和习惯之间有很大的差别。在习惯养成之前，它是由多个不稳定的行为组合而成的。更重要的是，人需要付出很大的努力去聚焦目标并执行，无论是孩子本身主动去做还是家长去引导都会非常累。举个例子，如果一个孩子没有养成早起的习惯，他每天都需要父母去催促，或者需要父母给予很好的奖励才起床，或者等父母发脾气才不得不起床。这些都是未养成习惯时会出现的状况，行为需要外界推动才会发生。

但是，一旦习惯养成之后，行为就不一样了。从本质上来说，习惯是一种自动化的行为程序。就像过山车一样，不需要你用力踩动，它就能完成一整套行为。每天跳广场舞的居民们，一到傍晚就会开展一整套流程，不需要思考和催促。所以，我们把习惯形成之前的行为比喻成骑自行车上坡，需要外界的激励和自己的刻意努力才能继续前行。而一旦习惯养成之后，就如同坐过山车一般，只要启动这一整套程序，行为就会自发地全部完成，这就是行为和习惯的巨大区别。

理解这些原理，有助于家长在日常生活中更有效地帮助孩子养成好的习惯。习惯的力量在于一旦形成，行为就能自动地进行，这大大减轻家长的教育压力。我们要抓住这一点，培养孩子的好习惯，从而实现事半功倍的教育效果。

习惯的特征

我们每个人的习惯都有五个特征，掌握了这些特征后，你就能更好地理解习惯到底是什么。

第一个特征是习惯性行为，即自动化的行为。习惯性的行为会自动产生。比如，在我们国家开车是左侧驾驶，而在有些国家是右侧驾驶，你刚开始出国，开车的时候会非常不习惯，会不由自主地走到左侧准备上车。

第二个特征叫作线索驱动，这是习惯与其他行为最大的区别。比如，我们过马路，从来都是红灯停、绿灯行，这个行为是由红绿灯的情境线索驱动的。无论是行人还是驾驶员，一旦养成习惯后，大脑在诱发行为的模式上就发生了翻天覆地的变化。养成习惯后，大脑会搜索这些固定的线索。一旦有了线索，人就会自动化地做出相应的行为反应，这是习惯与行为最大的区别。行为，无论是学习上的还是生活中的，主要靠人自己的意识努力去执行，而习惯主要是靠线索驱动。这也是为什么孩子一旦养成了玩手机的习惯，就很难改掉。因为看到手机后，就会自动产生反应，引发一整套自动化的行为程序，这是由线索驱动的，不再是靠意志来驱动。这是习惯与行为的一个重要区别，也是习惯的一个重要特征。

第三个特征是习惯会直接诱发行为，不需要理由和思考。我们有时候做一些事情，需要外界的催促或者自己下定决心才会去做，或者是自己特别感兴趣才会去做。而习惯则不一样，习惯有一个很重要的特征，就是可以绕开思考过程，绕开讲道理的部分，不需要理性决策，可以直接让人采取行动。比如每天跳广场舞的居民们，她们不需要专门思考为什么每天要去跳广场舞，也不需要听跳舞可以增强体质、联系感情等大道理。习惯会使人无理由地直接采取行动，这是好习惯与坏习惯共同的特点。

第四个特征是习惯一旦形成便会非常稳定，不容易改变。比如，有很多孩子小学时爱玩手机，你会发现他们在初中、高中、大学，甚至在工作后依然爱玩手机。虽然养成习惯很难，但一旦养成后，它会非常稳定，不容易改变。而且习惯中的每一个动作、每一个流程都会非常固定，不容易受外界环境影响。所以我们常说，好习惯一旦养成，可以受益一生。但是坏习惯一旦形成，改变起来会非常困难，因为它同样非常稳定。

第五个特征是习惯的形成过程容易受到环境的影响。我们常说"近朱者赤，近墨者黑"，就是这个道理。习惯会为人们带来更多拥有相似习惯的小伙伴。比如，我们为什么说需要在家庭里构建一个阅读的环境？因为环境非常重要，在孩子形成阅读习惯的过程中，主要有两个影响因素。第一是学校，看学校的同学们有没有阅读的习惯，有没有形成这样的氛围。第二是家庭，看家庭里爸爸妈妈平时都在干什么。

所以说，家里的书房不需要豪华的装修，但一定要有书和与孩子一起看书的家长，这样才能形成家庭内良好的学习氛围，从而为孩子营造一个阅读的环境。因为孩子在习惯形成过程中，尤其是在儿童和青少年阶段，所有习惯都依赖于固定行为的重复，而这些行为的产生则依靠周围环境的影响。因此，家长在家庭中为孩子提供一个读书的环境，对孩子学习习惯的养成非常重要。

理解这五个特征，你就会更清楚地认识到习惯在孩子生活中的重要性，以及如何帮助孩子养成良好的习惯。通过构建适当的环境和设置有效的线索，可以更好地帮助孩子养成良好的习惯，从而使他们在未来的学习和生活中受益。

如何培养孩子的良好习惯

习惯是一套由线索驱动的程序化行为。如何设置这些线索，如何构建这种程序化的行为是习惯养成的关键。要确保孩子在学习和生活中养成良好的习惯，家长需要为孩子创造一个适宜的环境，并设置明确的线索来引导行为的自动化。

总结

针对本章的内容，我们总结了几个关键点。

第一，为什么好习惯如此重要？因为习惯的质量决定了人生的质量，而习惯的差异带来了孩子成长中的巨大差异。

第二，从小培养孩子的好习惯，家长可以少操很多心。因此，培养孩子的好习惯至关重要。在习惯养成之前，行为主要依靠内驱力、兴趣、来自家长的监督和规则的约束。行为就像骑自行车上坡，虽然在缓慢前进，但人会非常累。然而，一旦习惯养成，行为就会自动产生，因为它变成了一段程序，不再需要外界的动员和教育，会自动发生，不再让人感到疲惫和纠结。

第三，习惯是稳定的，不易变形。

第四，习惯的形成阶段容易受到外界环境的影响。

家长练习题

为了让大家更好地理解这一章的内容，请大家完成下面的小练习。

找到一个你认为在生活中非常优秀的朋友，问问他从小养成了哪些好习惯。你可以找一个优秀的孩子，也可以找一个优秀的职场人士，聊一聊，了解一下他从小养成的好习惯是什么，并且这些习惯是如何让他受益一生的。

通过这一章的学习，希望大家能够理解习惯的重要性，并掌握与习惯有关的基础知识。这些基础知识打得越牢，后续的习惯培养和矫正就会越轻松。正所谓"无基础不应用，越基础越应用"，希望每位家长都能理解这些基础知识。本书前面五章的内容主要讲的是理论知识，这些理论知识和方法论是未来帮助大家解决问题的基础。因此，请大家在这个阶段一定要打好基础，掌握好知识。有了这些知识后，你可以在未来的具体场景中运用这些原理，找到解决问题的"金钥匙"。

本章要点总结

■ 养成好习惯的重要性

要点1：习惯的差异决定了人生的差异。

要点2：人大部分的行为由习惯支配，习惯的质量就是人生的质量。

■ 习惯与行为的差别

要点1：行为需要监督，需要外界推动。

要点2：习惯由线索驱动，自动化进行。

■ 习惯的特征

特征1：自动化的行为：习惯性行为自动产生，不须刻意努力。

特征 2：线索驱动：习惯性行为由特定情境线索诱发。

特征 3：无需理由和思考：习惯性行为直接行动，不需要理性决策。

特征 4：稳定性：习惯一旦形成，极其稳定且难以改变。

特征 5：易受环境影响：习惯形成的过程容易受环境影响。

第 2 章

习惯养成有多难

习惯的养成其实是一件很困难的事儿。把习惯养成为什么难，以及它的原理是什么等基础知识理解清楚，未来大家在养成习惯时，就可以清楚地知道该怎么去做，怎么去克服这些困难。

在这一章，我主要讲三点。

习惯养成的三大难点：好习惯难以养成，好习惯难以保持，好习惯难以复制。

习惯养成的两个主要误区：习惯养成主要靠家长监管，习惯养成主要靠家长讲清楚道理。

习惯养成的建议：①长期建设，不断重复，打持久战，②固化线索，简化行为发生的条件，③一事一议。

习惯养成的三大难点

首先，让我们来看一下习惯养成的三大难点。

习惯养成难点 1：好习惯难以养成

请各位家长想一想，你平时在培养孩子写作业的好习惯、早起的好习惯、不玩手机的好习惯等的时候，是不是反复地提醒他们吃完饭赶紧去写作业、早点起床、不要玩游戏？你反复地提醒，并且不断地教育他们养成这些好习惯的好处。然而，这种反复提醒和教育从科学上讲，基本上没有什么效果。并且，不恰当的反复提醒和教育不仅不能促进习惯的养成，反而可能阻碍习惯的养成。提醒和教育只能短暂地改变孩子的行为，但对习惯的养成没有太多帮助。

举个例子，许多家长希望孩子在写作业时不要粗心大意，于是不断地提醒孩子"认真点，别粗心"。然而，这种提醒只能对孩子的短期行为产生作用，对于长期的习惯养成几乎没有帮助。孩子可能在你的提醒下认真一会儿，但这种行为不会持久，因为他们还没有养成自主的好习惯。

通过研究我们发现，真正有效的方法不是不断地提醒，而是帮助孩子建立一种环境和机制，使他们能够自发地进行这些行为。例如，你可以和孩子一起制订一个写作业的计划，每天在固定的时间和地点写作业，并给予孩子适当的奖励和鼓励。这种方式能够更有效地帮助孩子养成良好的学习习惯。

请大家记住，习惯的养成需要时间和耐心，不是靠一两次提醒就能完成的。建立一个支持习惯养成的环境和机制，比单纯地提醒和教育要有效得多。

我给大家举个例子，你就能明白为什么我说教育和提醒不一定能够促进习惯的养成。1991 年，美国国家癌症研究所和相关行业协会共同发起了一个促进健康的计划，目的是让更多居民意识到健康生活方式的重要性。该计划鼓励大家多吃蔬菜和水果。

当时，大约只有 7% 的人知道每天多吃蔬菜和水果对健康有促进作用。从知识宣传教育的角度来看，五年之后大概会有 20% 的人知道每天应该多吃蔬菜、水果。但是，特别有意思的是，从1991 年到 1997 年，这六年间，真正养成了吃蔬菜、水果习惯的人数几乎没有任何变化。

这个例子提示我们，健康知识的宣传和教育只能够让人们意识到某件事情的重要性和价值，让我们知道良好的生活、学习习惯的意义，但是对于培养习惯并没有太多实际的价值和作用。所以，单纯的教育和提醒并不能有效促进习惯的养成。

关于好习惯难以养成这个难点，我还有一个发现。在习惯养成的过程中，其实有一个必要条件，就是通过简单重复来巩固行为。无论是居民养成跳广场舞的习惯，还是孩子养成阅读的习惯，越简单的环境越有利于习惯的养成。其道理在于，在养成习惯时周边环境如果不断变化，就无法形成稳定的习惯线索。而只有长期固定的线索，才能够让习惯形成并且自动发生。

所以，这给我们一个启示：在培养孩子的阅读习惯、学习习惯、写作业的习惯时，尽可能地固定环境。例如，流程上的固定、线索上的固定，甚至最好让孩子每天写作业的环境都保持一致。这样固定的环境因素能够更好地让孩子专注于习惯的培养。

例如，培养孩子的阅读习惯，你需要让孩子在固定的时间、固定的地点、固定的学习流程中进行。从环境的角度来看，把环境线索尽可能固定下来，能够形成更加稳定的习惯线索。有些家长在孩子写作业时反复去打扰，这会使孩子很难形成固定的学习习惯线索。

请看看你们家孩子的学习环境：书桌是不是乱七八糟？书包是不是随便乱放？孩子看书时是不是没有头绪，拿到什么书就看什么书？这样是难以形成稳定的环境线索的。稳定的环境线索要求所有元素在时间上、流程上尽可能固定下来。只有固定下来的元素，才能成为稳定的诱发行为的线索，而这些行为通过重复练习才能形成习惯。而练习的前提是环境因素要相对稳定，让整个过程极其简单，流程固定。只有简单固定的环节、流程和行为通过不断重复，才能固化为程序化记忆。

所以，要养成良好的写作业的习惯，从环境的角度来看，家长要尽可能地让孩子在固定的地方写作业。不要一会儿在客厅写，一会儿在卧室写，一会儿在书房写。可以固定地在书房写作业。书房不需要大，装修不需要豪华，但要简单整洁，与学习无关的物品要尽可能少。很多学习习惯不好的孩子，他们的书房和书桌通常乱七八糟，什么都有。书房和书桌必须简单整洁。

为什么新习惯难以养成？在此，我提出一个新的观点，好习惯的养成，需要与坏习惯竞争行为模式。

为什么形成习惯这么困难？我还有一个发现，就是一个新的习惯在形成过程中是比较不稳定的，而且需要与已经形成的习惯，尤其是那些坏习惯竞争。比如学习习惯，如果没有养成良好的学习习惯，但已经养成了玩手机的坏习惯，那专注学习的行为就需要与玩手机的坏习惯竞争。新习惯在养成过程中比较弱且不稳定，而已养成的坏习惯则比较顽固。因此在这种竞争中，新的习惯容易失败。

我们经常在学校进行安全行为的辅导。如果一个学校从一年级开始就让孩子们养成上下楼有序、不嬉戏打闹的习惯，那么这个学校在课间操和放学时就能保持良好的秩序。而如果孩子没有从一年级开始养成这样的好习惯，学校就很难通过整顿来应对突发的安全事故。已经形成的习惯非常顽固，要养成一个新的习惯，必须与旧的习惯竞争。

因此，好习惯一定要从小培养。无论是讲卫生的习惯，讲文明、讲礼貌的习惯，还是学习习惯，都要从小培养。如果没有从小培养，孩子一旦养成了一些坏习惯，这些行为会非常顽固。新的习惯的养成需要与旧的习惯竞争，而新的习惯不稳定，因此在这种竞争中，往往需要家长或专业老师的介入，才能实现改变。而且，养成新的习惯所需的精力、物力和时间远比一开始就培养好习惯要多。

习惯养成难点2：好习惯难以保持

行为的保持是比较难的。我们在心理学研究中发现了一个现象，我们称之为"三角复发模型"。无论是教育、干预还是提醒，都可以让行为发生改变，但是一旦教育停止，行为就会慢慢回到原来的模式。

比如，你陪孩子写作业，监管得越好，他写作业的行为就越好。但是一旦你不管，他马上就会开始写得潦草、粗心大意，甚至边玩手机边写作业。这说明行为一旦失去监管，就会复发。

明尼苏达大学公共卫生学院的一位教授做了一项研究⊖，他在四种完全不同的干预中观察行为变化的规律。无论是减肥、锻炼身体，还是阅读等学习行为，经过干预，都有显著改善。但是干预一旦结束，他发现伴随着时间的流逝，这些行为模式又会慢慢回到干预之前的状态。

例如健康饮食。干预期间，参与者不吃薯片等高热量食物，但干预结束四个月后，他们又回到了原来的饮食习惯。这特别像

⊖ JEFFERY R W. Financial incentives and weight control[J]. Preventive Medicine，2012，55(supp_S)：S61-S67.

家长平时监管孩子写作业，家长也苦恼：越管孩子越不高兴，但不管又不行。你发现，管的时候有效，不管的时候孩子的行为就回到了原来的模式。这就是行为在习惯养成之前的"三角复发模型"：不监管，随着时间流逝，行为会回到原来的模式。

家长们特别累，因为不监管孩子就不行动，而一旦停止监管，孩子的行为又回到原来的模式。从幼儿园到大学，只要没有养成习惯，孩子的行为一旦没有受到监管、提醒、教育，就会随着时间的流逝回到原来的模式。

斯坦福棉花糖实验

我给大家讲一个在国外特别有名的斯坦福大学的棉花糖实验。这个实验让小孩子们在实验室里，他们的面前都放着一颗棉花糖。他们被告知现在可以得到一颗棉花糖，但如果能等待实验研究员回来，就可以得到两颗棉花糖。研究员离开后，他们偷偷观察孩子们的行为。有些孩子在研究员离开后立马吃掉了棉花糖，完全无法等待；有些孩子则能够安静等待，甚至采取一些策略，比如闻一闻棉花糖，或者转移注意力，以克制自己的冲动。

这个实验长期追踪了这些孩子，发现那些能够延迟满足、克制自己不立即吃棉花糖的孩子，未来在学业和职业上往往更有成就。

这个实验说明了两个要点。

第一，强烈的自我抑制和克制诱惑的过程极大地消耗了脑力资源。一旦条件允许，孩子们会立马采取行动。这就像孩子在强迫自己学习的过程中，由于监管和考试压力，不得不学习，极大地消耗了脑力。在这个过程中，孩子非常辛苦，且无法形成良好的习惯。

第二，我们提出一个新的观点：那些能够克制自己、等待实验研究员回来的孩子，可能已经养成了延迟满足的习惯。这种自我克制和等待的行为习惯，使他们在未来更有成就。

行为难以持续

为什么这些行为习惯难以保持？我还有一个思考：作为父母，家长期待孩子要去形成的良好行为习惯，往往缺乏愉悦的反馈。而行为要重复出现，必须伴随着快乐体验。而家长期待的这些行为习惯，无论是写作业、阅读，还是早起，这些行为能有什么好的体验？基本上没有。而没有好的体验，这些行为难以形成积极的奖赏和反馈，因此很难重复和保持，只能靠教育和督促来养成习惯。相比之下，打游戏、玩手机这些行为则能立即带来愉快的体验，所以特别容易形成习惯。

习惯养成难点 3：好习惯难以复制

一个好的习惯难以复制。孩子们无论是在学习、生活还是成长中，所需养成的好习惯太多了。就学习而言，孩子需要养成早起、阅读、上课认真听讲、按时写作业、仔细审题的习惯；生活中，需要养成不玩手机、讲卫生的习惯；在成长方面，需要养成讲礼貌、诚信等习惯。

我们统计发现，一个优秀的孩子在成长过程中，需要养成大约两百多个习惯。而且每个习惯都需要单独培养，习惯无法直接复制。例如，有良好起床习惯的孩子，不一定就不玩手机，他们也可能沉迷游戏。一个好习惯无法迁移到所有行为中，这是一个很麻烦的问题。每个习惯诱发行为反应的线索和规律都不一样。习惯的复制前提是线索和反应要一致，所以一个好习惯的复制比较难。

习惯养成的两个主要误区

理解习惯养成的难点和背后的科学原理非常重要。习惯的养成不仅依靠教育和提醒，更需要一个稳定的环境和持续的练习。家长们在帮助孩子养成习惯时，应该关注如何通过科学的方法和策略，创造一个有利于习惯养成的环境。只有这样，孩子们才能在学习、生活和成长中，真正养成良好的习惯。

首先，我们来探讨第一个误区：认为习惯养成主要靠家长监管。其实这是一个误区，最近我们的研究发现家长越监管，孩子习惯养成的效果可能会越差。

为什么反复监管孩子行为的模式难以长久维持？这是因为在习惯养成之前，行为的发生主要依靠外力监督和内在兴趣，或者一种不得不做的决心。这就像推着大石头上坡，需要靠自己咬牙坚持和外力督促。因为这是不得不做、不得不去执行的事，这个过程极其消耗脑力以下定决心去做。所以，目标实际上抑制了行为习惯的养成。

"习惯成自然"讲的就是要真正去做这件事情，而不是靠远大的目标推动。很多孩子不得不学习，不得不认真审题，不得不认真写作业，为了促使自己执行目标，在这个过程中极大地消耗脑力。而这个过程对于习惯的养成，实际上是有害的，会阻碍行为习惯的养成。

因为由目标驱动的行为和因习惯而自动化的行为在大脑的加工上是完全独立的两套系统。由目标驱动的行为靠理性分析和外界驱动，因习惯而自动化的行为靠自动产生的一套流程和程序化的动作反应驱动。行为一旦变成习惯，对大脑功能的要求就降低了，这让我们更容易执行整套行为。而在没有形成习惯之前，行为的执行就依赖父母的监督和孩子自身的远大目标去驱动。

第二个误区是认为孩子习惯的养成主要靠家长把道理讲清楚。我们发现，事实上，家长越会讲大道理，孩子的习惯养成效果越差。

这是因为家长没有按照习惯养成的科学规律来教育孩子。很多家长缺乏一套系统的教育方法，无法固定行为线索，导致孩子难以养成习惯。举个例子，很多家长在培养孩子饭前洗手的习惯时，往往只是不断地教育孩子手上有细菌，不洗手会生病。虽然孩子明白道理，但在实际操作中，仍然不洗手。因为教育和提醒只能增加知识，不能变成习惯。

习惯的养成需要固定的线索和行为的重复。家长在帮助孩子养成习惯时，应该关注如何固定这些线索，并通过不断重复来形成习惯。例如，在培养孩子阅读习惯时，可以选择固定的时间和地点，每天进行相同的阅读活动，这样才能形成稳定的习惯。

习惯养成的建议

既然习惯养成这么难，那么有没有办法让困难变少，让习惯的养成变得简单呢？这里有三点建议。

1. 长期建设，不断重复，打持久战

习惯的养成绝对不是一朝一夕的事。无论是养成良好的学习习惯还是做作业的习惯，都要给孩子一个可操作性的具体指令，并让行为固化下来，不断重复。你只要将行为固化下来，不断重复，孩子的大脑就会形成一套程序化的记忆。这就是习惯：一套自动

发生的程序化行为，而不是一个大的道理或远大的目标。

2. 固化线索，简化行为发生的条件

要固化线索，简化行为发生的条件，让复杂的行为变简单，让简单的行为重复发生。针对每一个你想要养成习惯的行为，你要将促使行为发生的环境线索尽可能地固定下来。在同样的时间、同样的场景、同样的任务下，环境因素要尽可能简单和固定，简化行为发生的条件。例如，要养成仔细审题的习惯，就要把它变成一个可操作的语言指令，而不是极其复杂的观点理念。这样，孩子才能明白什么是仔细审题，背后有几个动作，线索和行为才能固化下来并形成习惯。

3. 一事一议

不要把不同的习惯混在一起给孩子讲，因为孩子听不明白，还容易把习惯养成的事情搞乱。很多家长在沟通过程中，把很多行为改变的要求放在一起来进行沟通，这样会让孩子感到特别混乱。你要讲审题这件事，就只讲这一件事。因为不同行为习惯的养成的前提条件和环境因素不同，把很多事情放在一起一次性讲，会使行为的绑定无法形成固定模式，反而加重孩子的大脑负担。所以，家长要学会一事一议，一段时间只讲这一件事，直到养成习惯，再讲其他的。

本章主要讲述了好习惯难以养成的原因。虽然好习惯养成难，但我们是可以通过方法来改变的。接下来，我们会专门讲述好习惯如何养成，坏习惯如何改变。本书前六章的内容是对一些基础知识的讲解，希望大家扎实掌握这些与习惯相关的科学知识，这样在接下来的实践中你会更从容，实践效果也会更好。

本章要点总结

■ 习惯养成的三大难点

难点1：好习惯难以养成。好习惯的形成需要时间和耐心，简单重复的环境和机制有利于固化行为。

难点2：好习惯难以保持。行为容易退回到原来的模式，好习惯因缺乏愉快的反馈导致难以持续。

难点3：好习惯难以复制。每个习惯需要单独培养，无法直接复制到其他行为上。

■ 习惯养成的两个主要误区

误区1：习惯养成主要靠家长监管。

误区2：孩子习惯的养成主要靠家长讲道理。

■ 习惯养成的建议

建议1：长期建设，不断重复，打持久战。给孩子可操作性的具体指令，固化并重复。

建议2：固化线索，简化行为发生的条件。固定环境线索和任务，简化行为。

建议3：一事一议。一次只讨论一个习惯的养成，避免混乱，逐个培养。

2

第二部分

第 3 章

孩子习惯的养成
需要多长时间

习惯的养成需要多长时间，这个话题其实很多家长都很关心。要破解这个问题，我们需要回答三个关键问题：

- 习惯到底是什么？ 只有了解了习惯的本质，才能明确养成习惯的目标和所需时间。
- 要判断一个习惯是否已经养成，有哪些信号和评估标准？
- 时间在习惯养成过程中如何起作用？ 理解时间在行为转化为习惯过程中的作用和规律，才能知道养成好习惯需要多长时间。

掌握了这三个问题的答案，你就能真正理解在习惯养成过程中，到底需要多久才能将行为变成一个好习惯。

习惯到底是什么

首先，我们要了解习惯的本质。可以用三个关键词来概括习惯的本质：线索诱发、程序化记忆和自动化的行为。

线索诱发：习惯的启动

习惯性的行为通常是由视觉、听觉等各种感官信息的线索诱发出来的。比如，看到红灯就停下来，这是一个经典的习惯。如果是一个新手司机，他看到红灯需要经过思考才能踩刹车，而老司机则能自动做出反应，因为他们的大脑已经形成了一套程序化的记忆。以晨读为例。对于那些每天坚持晨读的学生来说，这个习惯并不仅仅是一个单一的行为。它是一个综合性的体验，由多个元素组成：学校的教室、同伴、早晨的铃声，甚至是早晨的阳光和空气的味道。当他们每天都在同样的时间、同样的地点听到同样的铃声，看到同样的人，这一切都成为促使他们坐下来读书的强大线索。

但是，当其中任何一个元素发生变化，这个习惯的稳定性就可能受到挑战。高考结束后，铃声不再响起，同伴们各奔东西，教室可能被其他活动所占用。突然之间，所有支撑晨读习惯的线索都消失了。没有了这些线索，晨读的行为也就消失了。这种情况不仅仅发生在学生身上。比如，那些经常吃夜宵的人，他们吃夜宵的习惯可能是被朋友的召唤、特定的食物，或者某个时间段的电视节目所诱发。但当他们换了环境，原有的线索全部更换，这个习惯可能就会被打破。在新的环境中，没有了原来一起用餐的伙伴，没有了熟悉的夜宵摊，很可能吃夜宵的习惯就会中断。

程序化记忆：行为的固定流程

习惯和行为的最大区别在于，习惯是脑子里有一套程序化记忆。反复做某件事之后，这套记忆会自动地形成。例如，天天看到书桌就知道要写作业，因为他的脑子里已经有了这段程序化记忆。程序化记忆意味着行为在大脑中已经形成了一套固定的流程。但是，如果这个程序只是为了达到某个目标（如高考）而被执行，那么当目标达成后，这个程序很可能就会被"卸载"。

自动化的行为：真正的习惯

习惯的第三个特点是自动化的行为反应。这意味着行为不需要经过深思熟虑和理性分析，而是自动发生的。无论是好的习惯还是坏的习惯，一旦养成，行为就会自动发生。例如，一名运动员在比赛前的准备动作，这些都是自动化的行为。真正的习惯会形成自动化行为。这意味着当相关的线索出现时，行为会自动执行，而不需要任何外部的推动。拿刷牙为例，对于很多人来说，每天早上醒来，自动就会想到刷牙，不需要闹钟来提醒。这就揭示了习惯的本质：它是一种内化的，不需要外部刺激即可自动诱发的行为模式。因此，当我们评估孩子是否真正养成了某个习惯时，我们需要看的不是他们"坚持了多久"，而是他们在没有外部激励的情况下，是否仍能持续执行该行为。

例如，小芳每天回到家做的第一件事情就是换上拖鞋，然后喝一杯水。她从来没有认真思考过为什么要这样做，但她总是这样做。为什么会这样呢？这其实与我们讨论的习惯的本质息息相关。

习惯 = 线索诱发 + 程序化记忆 + 自动化的行为

让我们在例子中逐个解析这些元素。

线索诱发

每当小芳踏进家门，那个熟悉的环境就像是一个隐形的开关，提醒她的大脑："是时候做某事了。"家的氛围、家中的味道，甚至是地板的触感，都像是一种信号，直达她的大脑。这些，就是线索诱发。

程序化记忆

小芳自己也说不清为何开始这一系列动作，但她知道，当她换上拖鞋和喝一杯水的时候，她感到一种深深的满足感，仿佛一切都回到了正轨。这就涉及程序化记忆——一个内在的系统，记录下她每次这么做时的满足感并加强这个行为的重复频率。

自动化的行为

随着时间的流逝，这样的动作不再是她有意识的选择，而是变得自然而然，不假思索。当她踏进家门，不需要任何劝说或者提醒，她的身体就知道该做什么。这就是自动化的行为的力量。

综上所述，小芳每天的这一系列行为其实正是习惯的完美示例。它完美地体现了习惯的"黄金三角"理论，展现了习惯的实质。

习惯的开关：习惯的"黄金三角"之线索诱发

正如小芳每次回家都换上拖鞋一样，习惯性的行为通常都是由某种线索诱发的。换句话说，特定的环境或情境会引发我们的某个习惯性行为。当孩子看到床，他们可能就会想到玩手机，就像许多学生在电梯里自然地拿出手机一样。这就是环境或情境线索诱发习惯性行为的结果。如果你曾经在某个情境下不自觉地做过某事，那么很可能这个行为就是由线索诱发的。这是习惯形成过程中的第一步，也是最为关键的部分。

线索诱发与日常的选择和决策是有区别的。它像一个隐藏的开关，一旦按下，某个固定的行为就会自动启动。你可能不曾注意到它，但它在日常生活中起着至关重要的作用。

案例分析：线索诱发的实际应用

实例：假如小明养成了在睡前浏览手机的习惯。对于他来说，床不仅仅是一个用于休息的地方，它也成了诱发他玩手机的线索。每次他看到床，就不由自主地想要拿起手机。这并不是他有意识的决策，而是线索诱发了他的习惯。

再举一个更为普遍的例子：多少次你见到年轻人一进入电梯，就立刻拿起手机浏览一阵，然后又放下，接着再次拿起？这样的行为看似随意，其实是高度自动化的。对于他们来说，电梯成了启动"查看手机"的线索。有趣的是，他们中的很多人可能都不清楚自己为什么在那一刹那想拿起手机。这就是线索诱发的神奇之处。

利用线索诱发塑造更好的习惯

简而言之，线索诱发是习惯形成中最基本的元素。它是习惯的开端，是那个使我们的行为从思考转为自动化的催化剂。当我们明白了这一点，我们就能更有意识地识别这些线索，并利用它们来塑造更好的习惯。

例如，如果你希望孩子养成每天写作业的习惯，那么可以在家里为孩子设立一个固定的学习角。每次孩子一进入那个区域，就意味着要开始学习。这种环境线索能够帮助孩子更快地进入学习状态，并逐渐形成习惯。

理解习惯的"黄金三角"理论可以帮助我们更好地解锁日常行为的密码。通过识别并利用线索诱发，我们可以更有效地帮助孩子培养和保持良好的习惯，帮助孩子更好地管理自己的行为，最终形成积极的生活方式。希望这些方法和工具能为家长在教育孩子的过程中提供有效的支持。

习惯的行为程序：习惯的"黄金三角"之程序化记忆

小芳每天下班回家，脱鞋、把钥匙放在特定的地方、喝一杯水，这一系列的行为她几乎从不会忘记，即使是在忙碌或疲惫的时候。这种看似简单的日常动作，背后其实有一个非常有趣的心理机制。

行为程序

当我们多次重复某个行为，大脑会为其编写一种"程序"，使得这个行为变得自动化。每当我们进入一个熟悉的环境或面对一个特定的刺激时，这个"程序"就会启动，无须我们有意识地去思考。

以一名篮球运动员为例，当他初学篮球时，每次投篮都要认真地调整姿势、计算距离、预判力度。但经过无数次的训练后，每当他拿到篮球并站在三分线前，手中的球仿佛自动找到了正确的轨迹，投向篮筐。这并不是因为他每次都在刻意思考怎么投，而是因为他的大脑已经为这一动作写下了一套"行为程序"。

这就是程序化记忆。这套行为程序一旦在大脑中建立，我们就可以在面对类似的情境时，无须太多思考，自动按照这个程序来执行动作。这也解释了为什么习惯会显得如此稳定。

习惯的自动驾驶模式：习惯的"黄金三角"之自动化的行为

自动化的行为简单来说就是指一旦我们养成了某个习惯，只要有一个相关的诱发因素或线索，我们就会不假思索地进行某种行为。

想象这样一个场景：在生活中，许多人早上起床后的第一件事就是刷牙，你可能也是如此。一天天过去，这已成为你的习惯。有一天，你半夜醒来，迷迷糊糊地走进了盥洗室，当你看到牙刷时，手不自觉地伸向牙膏，开始了刷牙的动作。这并不是你有意识地决定刷牙，而是看到牙刷这一线索，直接诱发了你的"刷牙"行为。

这就像那些小时候玩过陀螺的人。当他们长大了，即使过去了许多年，只要手里捡起一个陀螺，他们都会自动地知道如何将它旋转起来。为什么？因为小时候的这种玩耍已经变成了他们的习惯，成了一种自动化的反应。

这种看到某物或遭遇某种情境就直接做出特定反应的行为，其实是大脑的一种节能模式。我们不用每次都去思考怎么做，而是自动地按照以前的模式来行动。这种无须思考、自动化的行为，正是习惯的魔力所在。

判断是否已经养成了一个习惯的黄金标准是什么

接下来，我们来看如何判断一个习惯是否已经养成。判断一个习惯是否养成，我们需要有一套评估标准，这些标准可以帮助我们识别习惯的形成情况。

黄金标准一： 由理性分析变成由线索驱动的行为程序。

当孩子的行为不再需要经过深思熟虑，而是看到线索后自动产生时，我们就可以认为这个习惯已经形成。例如，看到书桌就自动开始写作业，而不需要家长的提醒。

黄金标准二：习惯养成之后对动机、目标和奖赏不敏感。

另一个判断习惯是否形成的黄金标准是孩子对动机、目标和奖赏是否敏感。习惯性的行为不再因为外在的奖励或目标而变化，而是自然而然地发生。例如，孩子已经养成了写作业的好习惯，他会在看到书桌和作业本时，自然而然地开始写作业，无须家长的监督。

行为转化为习惯的过程

在习惯形成之前，行为主要靠外界的驱动和具体目标的推动。例如，考大学是一个目标，很多孩子考完大学后就不再学习，因为他们的学习行为不是习惯，而是为了达到这个目标。

一旦习惯养成，行为就会在具体的环境下自动地发生，不再依赖外界的监管。

我们研究发现，在习惯养成之前，行为主要靠目标和监管来驱动。随着习惯的养成，目标和监管对行为的影响减少，过去的行为模式对未来行为的影响增加。大脑会把经常做的事固化成一套整体稳定的模式。在这个模式下，目标驱动和监管驱动的部分会逐渐减少，转而由自动化的行为模式接管。

这个是习惯最大的秘密。一旦形成习惯之后，大脑就不思考了。我们的购物习惯就是这样的。一旦你形成购物的习惯之后，你对某个品牌形成一种信任并在重复购买之后，你对某一产品的价格、质量也变得不敏感了。为什么？因为你的购买决策是基于过去的行为而形成的，因此不太需要思考，直接把过去怎么做的行为模式拿出来指导接下来的行为。

由此可见，当行为变成习惯之后，目标也变得不重要，监管也不重要。由过去的行为模式直接指导接下来怎么做。坏习惯也是一样的。因为习惯一旦养成，该行为模式就会被直接拿出来应用，不再需要深思熟虑和被目标驱动。

习惯的养成需要多久

其实要养成一个习惯，需要一个非常重要的条件——时间。可以这么讲，没有长时间的积累，任何习惯都养成不了。因为习惯的养成，需要稳定的线索和行为的绑定，并在绑定之后需要时间来做练习，重复重复再重复。无论是体操运动员养成做某个动作的习惯，还是我们在学习时要养成仔细审题的好习惯，还是在生活中要养成文明礼貌的好习惯，都需要大量的时间来反复进行练习。反复做，是养成习惯最简单也是最有效的方法。

我们经常在高铁、公交车、地铁上看到很多所谓的"熊孩子"打打闹闹，跑跑跳跳。事实上，如果这些孩子在家里面的沙发上没有闹够一定的次数和时间，是不可能在外面的公共场所做出这些行为的。

时间在习惯养成过程中如何起作用呢？

时间在习惯养成过程中起着至关重要的作用。我们可以将时间的作用分为三个阶段。第一阶段是最初的行为阶段。在这个阶段，行为的发生是偶然的，通常出现在某个特定的时间点。这是习惯养成的起点。第二阶段是行为转变成习惯的关键阶段。在这个阶段，需要通过不断地重复来巩固这个行为。重复是使行为固化为习惯的关键，需要持续地进行。第三阶段是习惯的巩固阶段。在这个阶段，习惯已经基本形成，但仍需要通过定期的重复来保持和加强这一习惯。通过理解时间在这三个阶段中的作用，我们可以更有效地帮助孩子养成良好的习惯。

比如说你要孩子养成阅读的习惯，但他一周都阅读不了一次，这是很难养成习惯的。一定要花足够的时间来重复练习，最终才能使行为转变成一个习惯。

上文讲的是习惯养成到底需要多久的基本思考框架。这个框架是帮助你从科学的视角分析习惯到底是什么，习惯养成到底需要多久的一个基本知识。那么接下来我们来具体讲讲习惯的养成到底需要多久。当我们提及习惯的形成，一些人常常说："21天，我只需21天就能养成一个新习惯！"这种说法现如今流传甚广。然而，这真的是事实吗？

实际上，这个说法最初来自20世纪30年代毕业于美国哥伦比亚大学的一位外科医学博士麦克斯威尔·马尔茨（Maxwell Maltz）。他写了一本畅销书《心理控制术》。他发现很多做过整形手术的人需要花21天左右的时间才能够接受自己整容后的新面孔。因此，他认为一个人形成一个习惯大概需要21天。然而，这个说法并没有太多的科学依据。

那么，形成一个习惯到底需要多长时间呢？此后，全球许多科研团队做了大量的研究，包括针对学习习惯、生活习惯等各类习惯的追踪研究。研究显示，养成一个习惯所需的时间从18天到254天不等⊖，平均大概需要66天。

⊖ GARDNE B, LALLY P, WARDLE J. Making health habitual: the psychology of 'habit-formation' and general practice[J]. British journal of general practice, 2012, 62(605): 664-666.

由此可见，养成一个习惯的时间跨度是非常大的，这取决于个人及其所需要培养的习惯类型。

哈佛大学的一项研究也表明，形成的习惯时长在个人之间有很大的差异，但人们普遍需要较长的时间才能将行为巩固成真正的习惯。研究发现，环境因素、个人动机和行为的复杂性都对习惯形成所需耗费的时间有重要影响。

平均来看，养成一个习惯大概需要66天。也就是说，用66天左右的时间养成一个好习惯是有可能的。一般来说，养成一个好习惯大概需要2~3个月，最长的可能需要8~9个月。

当然，一个习惯的养成需要多长时间还受很多其他因素的影响。习惯养成的难度不同，所需的时间也会有差异。

以下因素会影响习惯养成所需要的时间。

第一，孩子是否认同要做的这个事儿是对的、可以接受的。比如吃完饭后立马去写作业，如果他不认同这个事儿，你在将孩子的行为变成习惯之前还要花很大力气让他接受这个事儿。这时，养成习惯所需的时间肯定要更长一点。是否认同某个行为值得去做，是有意义、有价值的，对习惯养成的难度和需要的时间有影响。

第二，促使一个行为发生的条件是否简单，越简单需要的时间越少。比如跳广场舞。对于那些爱跳广场舞的人来说，他们家楼下有广场，也有人跳广场舞，他们自己也愿意跳广场舞。天时、地利、人和，一起跳广场舞的人也都彼此认识，这个习惯养成起来就会非常快。所以促使行为发生的条件越简单，就越容易让行为变成习惯。

反思一下，你要求孩子立即养成学习习惯，对孩子来说会不会太难？比如要把题目做对。习惯养成很难。把字写整洁比把题做对容易，把作业做完比把作业做好容易。从容易的到难，循序渐进，习惯的养成要遵循这个规律。

第三，诱发习惯的线索是否足够简单、明显、稳定，这会影响习惯养成所需要的时间。

第四，习惯性行为重复的频率是否足够多，时间是否足够固定。

第五，习惯性的行为是否得到了反馈、奖赏，是否得到了精神和物质的鼓励，这些也会影响行为转变为习惯所需的时间长度。

以上这些因素会影响习惯养成所需的时间。我们应尽可能放大有利因素，并尽可能消除阻碍因素，促进习惯的养成。

本章要点总结

■ 习惯到底是什么？

要点 1：线索诱发。习惯由视觉、听觉等感官信息的线索诱发。

要点 2：程序化记忆。习惯是脑中形成的一套程序化记忆，通过重复而自动产生。

要点 3：自动化的行为。习惯性行为不需深思熟虑和理性分析，自动发生。

■ 判断是否已经养成了一个习惯的黄金标准

标准 1：由理性分析变成由线索驱动的行为程序。行为不再需要深思熟虑，看到线索后自动产生。

标准 2：习惯养成之后对动机、目标和奖赏不敏感。习惯性行为不再因外在奖励或目标而变化，而是自然而然地发生。

■ 时间在习惯养成过程中如何起作用？

要点 1：初期阶段。行为偶然发生在某个时间点。

要点 2：关键阶段。行为在转化为习惯的过程中，需要不断地重复。

要点 3：巩固阶段。行为在稳定的环境中反复发生，最终形成习惯。

■ 习惯的养成需要多久？

要点 1：习惯养成的时间受孩子的认同度、行为发生的条件、线索的稳定性、练习频率等因素影响。

要点 2：通常习惯养成需要 18 天到 254 天不等，因个体和习惯的不同而有所变化。

第 4 章

好习惯是怎么形成的

习惯的分类

要谈好习惯的养成，首先需要对孩子的习惯进行分类。大多数家长可能认为习惯只是与孩子的各种行为有关。其实，习惯是一个非常广泛的概念。我们在日常生活中，有习惯化的沟通方式、习惯化的情绪反应、习惯化的思维模式等，这些本质上都可以称为一种习惯。因此，从 2020 年起，我提出了"大习惯"的概念。

"大习惯"指的是习惯不仅仅是指个体的行为模式，更是人们在学习、生活和成长过程中固化下来的、重复出现的自动化的情绪、行为及认知反应模式。

根据学习、生活及成长等不同范畴，可以将孩子的习惯分为以下三类：

第一类习惯：学习的习惯

在学习中，有各种各样的行为。如果要固化一整套稳定的行为组合，就需要养成许多学习习惯。例如，阅读习惯、听课习惯、写作业的习惯、考试习惯和思考习惯等。各种学习习惯的质量决定了学习的质量。

第二类习惯：生活的习惯

在生活中，无论是玩手机，还是不讲卫生的坏习惯等，这些生活习惯一方面会影响孩子的生活质量，另一方面也会影响孩子的学习质量。因此，家长要特别关注孩子的生活习惯，尤其是低年级学生的家长要更加重视。

第三类习惯：成长的习惯

成长的习惯包括讲文明、讲礼貌、诚信、坚韧等积极、优秀的品质。这些成长习惯也是孩子在儿童与青少年阶段需要主动培养和刻意练习的。

从行为到习惯的四部曲

家长要想学会如何培养孩子的好习惯，首先得了解好习惯养成的规律。通过多年的科学研究，我总结了将行为转化为习惯的四个关键节点，以便家长理解习惯养成的规律。

第一个关键节点：偶然行为的出现

好习惯的养成通常始于某个具体场景下孩子偶然出现的好

行为。无论是早上刷牙、按时写作业，还是上课认真听讲，最初的正确行为往往是偶然的。例如，孩子阅读的好习惯一定是从偶然的一次阅读行为开始慢慢形成习惯的。任何习惯在第一次出现时，都是以偶然行为的形式存在的。

第二个关键节点：积极的行为反馈

行为出现后，重要的是反馈。好习惯的形成往往是因为孩子的偶然行为得到了积极的反馈。例如，孩子偶然一次主动分类垃圾，得到了路人的夸奖或你的表扬；或者偶然一次主动学习，成绩进步了，得到了老师的表扬。这种积极反馈让孩子体验到了好行为带来的好结果。

第三个关键节点：行为与结果的重复

为了将好行为转变为习惯，必须经过一个不断重复的过程。好行为需要在简单、稳定的情况下反复练习，才能存储到大脑中，最终进入自动化的阶段。例如，孩子偶然一次在书房安静阅读，得到了父母的赞赏。这时，家长可以设计一个稳定的环境，鼓励孩子在固定的时间和地点重复这个行为。通过 60 天到半年的不断重复，这个行为会逐渐转化为习惯。

第四个关键节点：固化环境线索

家长需要确保环境线索的稳定，以固化习惯形成的条件。例如，阅读习惯的养成可能与书房的环境、书籍等有关。家长可以在孩子阅读时尽量不打扰，甚至与孩子一起阅读，创造一个稳定的环境线索，让孩子在固定的时间、固定的地点自然地拿起书安静地阅读。

案例分析：阅读习惯的养成

让我们以阅读习惯为例，具体说明一个好习惯的养成的关键节点。

偶然行为的出现。孩子在一个阳光明媚的下午，偶然走进书房，发现了一本课外书，安静地阅读起来。

积极的行为反馈。父母看到孩子在阅读，惊喜地表达了赞赏，孩子感受到了阅读带来的愉快结果。

行为与结果的重复。家长设计一个稳定的环境，让孩子在同样的时间和地点继续阅读，确保行为的重复。

固化环境线索。家长在孩子阅读时，也放下手机，创造一个不打扰孩子阅读的氛围，固定环境线索，帮助孩子固化阅读习惯。

通过这个案例，我们可以看到，大部分的习惯养成并不是靠家长刻意监管和刻意教育得来的，而是通过创造一个合适且稳定的环境，让行为自然地发生并自然地形成习惯。家长们可以按照这个方法和步骤，帮助孩子养成任何你希望他们拥有的好习惯。

好习惯形成的条件

要让好习惯成功养成，必须具备天时、地利、人和这三个条件。

天时

好习惯的养成需要在一个恰当的时间进行。孩子偶然的好行为出现在一个适宜的时间并被你看到，或者这个行为带来了良好的结果，或者在行为发生时孩子情绪较好，没有被其他事打扰。

随后，要固定重复练习该行为的时间。例如，吃完饭后的半小时用于看课外书。这个"吃完饭后的半小时"要固定下来，固定的时间做固定的事，大脑比较容易形成固定的记忆，这是特别重要的一点。

地利

环境条件也非常重要。孩子在哪里有好的行为，这个地点应尽量保持不变。例如，要培养孩子学习或阅读的习惯，就尽量不要改变地点，让孩子在同样的地方进行学习或阅读。如果选择在客厅学习或阅读，就需要减少其他因素的干扰。简单来说，同样的地点、稳定的环境有助于孩子固化习惯。

人和

亲子关系是促进好习惯养成最关键的因素。良好的亲子关系为孩子养成好习惯提供了坚实的基础。良好的亲子关系有三个标准：安全、稳定、温暖。要让孩子在你这里感到安全，父母就不要一惊一乍，这样孩子才能体验到稳定的关系。父母还要给予孩子温暖和爱，这种温情是特殊的、不可替代的。良好的亲子关系为孩子创造了习惯养成的前提条件。

3W 原则

为了更好地理解天时、地利、人和的概念，我们可以把它们总结为"3W 原则"：

When（时间）：在什么时候进行——固定的时间。

Where（地点）：在什么地点进行——稳定的环境。

Who（人）：谁陪伴，谁教育，谁夸奖。夸奖的内容是什么。

亲子关系是否稳定、安全、亲密。

如果这三个条件缺少两个及以上，孩子习惯的养成就比较困难。因此，家长在帮助孩子养成习惯的过程中，要注意是否满足了这些前提条件。条件越稳定，习惯的养成就越容易、越高效，习惯在养成后也越稳定。

好习惯养成的操作步骤

好习惯形成的两大阶段六个环节

要让孩子养成好习惯，家长需要按照一定的步骤和流程来进行。我根据多年来帮助家长培养孩子养成好习惯的经验，总结出好习惯形成的两个关键阶段，其中每个阶段各包含三个环节。通过这两个阶段和六个环节，家长可以有效地培养孩子的好习惯。

第一阶段：行为确认阶段

在第一阶段，家长的主要任务是确认要培养成习惯的具体行为。很多家长在咨询时一次性提出十几个想要孩子养成的习惯，比如阅读习惯、审题习惯等。这么多习惯要孩子同时养成，这是不现实的。我们需要做到"一事一议"，把复杂的事情简单化，将目标简化到家长和孩子都能操作的程度。

第一阶段包括以下三个环节。

环节 1：与孩子一起明确具体的目标行为。

家长需要和孩子一起讨论，明确目标行为是什么。这一环节的重点在于明确孩子需要培养的具体行为，如每天阅读 30 分钟、按时完成作业等。

环节 2：体验一次这个行为，找出可以作为线索的元素。

在这个环节中，家长和孩子一起体验一次目标行为，观察并找出可以作为线索的元素，提炼出孩子参与其中的意义和乐趣。通过体验，孩子可以感受到行为带来的积极影响和乐趣，增加对该行为的兴趣。

环节 3：完成目标行为三连测，确认行为的可行性。

最后，家长需要和孩子一起完成三次目标行为，以确认这个行为对于孩子来说是可行的。通过多次实践，孩子可以逐渐熟悉并适应这一行为，家长也可以评估行为是否需要调整和优化。

具体操作流程详解

环节 1：与孩子一起讨论，明确目标行为具体是什么。

在讨论时需要考虑以下三个关键问题：

我们要做一件什么样的事？

这个事情具体的行为和过程是什么？

这件事情在哪里、在什么时间、由谁来完成？

环节 2：与孩子一起体验一次这个行为，找出可以作为线索的元素，提炼儿童参与其中的意义与乐趣。

具体操作步骤如下。

步骤 1：检验行为发生的前提条件是否可行。

在某个固定的时间（如某个周六下午 3 点到 5 点）和孩子一起（固定的人物）在固定的地点（如客厅的沙发上）完成一次目标

行为（如阅读课外读本）。

通过这次体验，检验诱发行为的四个固定线索（时间、地点、人物和任务）是否可行。

步骤 2：观察行为发生过程中的促进因素和阻碍因素。

在行为发生过程中，记录哪些因素可以促进行为的发生，如偶尔的鼓励、孩子感兴趣的阅读内容、孩子喜欢的阅读地点等。同时记录哪些因素会阻碍行为，如家里来客人，打断了孩子的阅读。未来需要有预案，尽可能消除这些阻碍因素。

步骤 3：再次明确预设行为的标准化操作流程。

与孩子一起总结体验过程中的关键点和难点，再次确认具体流程和规则，确保行为的操作性强。

步骤 4：确定行为标准及奖励规则。

例如在固定时间内完成阅读，可以获得适当的奖励。

以阅读习惯为例：

固定时间：每个周六下午 3 点到 5 点。

固定人物：与妈妈一起。

固定地点：在客厅的沙发上。

固定任务：阅读课外书。

通过这次体验，家长和孩子可以检验这些线索是否可行。如果可行，就可以将这些步骤固化下来，重复进行练习，从而逐渐形成习惯。

第二环节的主要任务是验证行为的可行性，并通过体验让孩子感受到行为的积极影响和乐趣，为接下来的习惯养成打下基础。

环节 3：行为三连测。

在这个环节，我们需要连续完成三次目标行为，以确认这个行为对孩子来说是否可行。具体来说，就是在固定的条件下，连续三次执行该行为。

　　这一环节是为了验证目标行为的可行性和可持续性。通过连续三次的行为试验，我们可以确认目标行为是否能在不同的时间和情境中稳定发生。这个环节的关键在于实践和总结，通过实际操作和复盘，不断调整和优化行为的执行方案。

　　在第一阶段，我们的任务是认真听取孩子的心声，了解他们的困惑，与孩子就需要养成习惯的行为达成一致，并在具体流程和规则中确认行为的可行性。如果行为在初期测试中显示出可行性，那么第一阶段的任务就算完成，可以进入第二阶段。

第二阶段：习惯形成阶段

　　在第二阶段，我们将重点放在如何将已确认的行为转化为稳定的习惯。这是将行为转变为习惯的关键训练阶段。

　　在这个阶段，也包括三个环节。

环节 1：构建一个稳定的环境线索。

　　在这个环节中，家长需要为孩子创建一个稳定的环境，使行为更容易自动化。

　　构建环境与线索的 4 个"固定"原则如下。

原则 1：在固定的时间去做这件事情。

　　确定一个每天固定的时间来进行目标行为。例如，每天晚上 8 点进行阅读，这样孩子的生物钟和心理都会逐渐适应这一时间点，形成习惯。

原则 2：与固定的人物一起做这件事情。

　　确定一个固定的参与者，如妈妈或爸爸，每次都陪同孩子完成目标行为。固定的人物不仅能提供支持，还能增加行为的连续性和一致性。

原则 3：在固定的地点去做这件事情。

选择一个固定的地点进行目标行为，如书房或客厅的某个特定位置。固定的地点能帮助孩子建立心理上的区域感，进入特定区域就会想到要进行某种行为。

原则 4：按固定的流程与任务要求去做这件事情。

明确具体的任务和流程。例如阅读课外书 20 分钟，或做数学题 30 分钟。固定的流程和任务能让孩子知道每次要做什么，减少选择的负担，增强行为的可预测性。

环节 2：构建奖励反馈机制。

习惯形成阶段的第二个环节是构建奖励反馈的机制。这一环节的核心在于通过及时且有趣的奖励，激发孩子对目标行为的兴趣和期待，从而持续地巩固行为。

构建奖励反馈机制的原则如下。

原则 1：即时奖励。

每次行为发生后，立即给予奖励。及时反馈能让孩子直接感受到行为带来的正面效果，从而提高行为的重复率。

原则 2：随机奖励。

奖励最好是随机的。这种不确定性会带来期待感，使孩子更有动力完成目标行为。例如，可以设置一个抽奖池，每次完成目标行为后给孩子一个奖券，让他们在抽奖池中抽取奖品。奖品可以多样化，从一个简单的拥抱到一次特别的活动，都可以成为奖励的内容。

原则 3：培养期待感。

期待本身也会带来快乐。通过让孩子期待奖励，激发他们对完成目标行为的兴趣和动力。

具体操作步骤如下。

步骤 1：设置抽奖池。

在家里设置一个抽奖池，准备不同的奖品，可以是物质奖励（如小玩具、小零食），也可以是精神奖励（如拥抱、一起外出活动）。

步骤 2：设计奖券。

每次孩子完成目标行为后，给他们一张奖券。一张奖券可以兑换一次抽奖机会。

步骤 3：实施奖励机制。

让孩子通过抽奖获得奖励。由于奖品是随机的，孩子会充满期待，这可以激发他们对完成目标行为的兴趣。

环节 3：绑定线索和行为，并进行高密度的简单重复。

习惯形成阶段的第三个环节重点强调如何将线索与行为紧密绑定，并通过高密度的简单重复帮助孩子迅速养成习惯。这个环节的核心原理是通过固定的线索诱发行为，从而减少大脑的决策负担，使行为反应更加自动化。

原理：线索与行为的深度绑定。

通过线索与行为的深度绑定，可以帮助人们更快地做出反应，减少深思熟虑所带来的脑力消耗，从而形成习惯化的反应。习惯化反应比深思熟虑更快速、更加自动化。

第一步：设置环境中的固定线索。

在这个阶段，家长需要识别环境中的固定线索。这些线索可以是听觉、视觉或嗅觉等感官刺激。

以广场舞为例，我们来看一下线索与行为是如何绑定的。

声音线索：楼下传来的熟悉的广场舞音乐。

视觉线索： 看到朋友在楼下跳舞的身影。

语言线索： 女儿的一句"妈妈，你先去跳广场舞吧，我来洗碗"。

这些线索一出现，就能迅速诱发行为反应。

第二步：行为高密度的简单重复。

在绑定线索之后，接下来需要进行高密度的简单重复。这个过程非常重要，因为只有经过足够频繁的重复，才能形成稳定的行为记忆。

高密度重复： 行为的重复频率要高，确保线索和行为的联结得足够牢固。

简单重复： 行为越简单越好，也越容易重复。这样孩子在执行这些行为时，不需要花费过多的精力和意志力。

具体例子： 阅读行为的高密度简单重复。

假如你希望孩子养成每天阅读的习惯，你可以这样操作：

第一步：设置环境中的固定线索。

声音线索： 每晚 8 点的闹钟铃声。

视觉线索： 书桌上固定位置放好的书。

语言线索： 妈妈的一句"宝贝，到阅读时间了"。

第二步：行为高密度的简单重复。

固定时间： 每天晚上 8 点到 8 点半。

固定地点： 书房。

固定任务： 阅读 30 分钟。

关键要点如下。

1. **固定线索：** 确保环境中的线索明显、简单且可重复。

2. 高密度重复： 行为的重复频率要高，行为要简单易行。

3. 积极反馈： 每次行为完成后给予积极的反馈，进一步巩固行为与线索的绑定。

通过以上方法，家长可以有效地帮助孩子养成稳定的好习惯。记住，习惯的形成离不开固定的线索和高密度的简单重复。只有将这些元素紧密结合，才能真正实现行为的自动化和养成习惯。

总结

本章内容特别重要，我们讲解了好习惯养成的规律和机制，并详细介绍了具体的策略。本章从行为到习惯的关键转变，再到线索与行为的绑定，最后到如何设置反馈奖赏系统，全面阐述了如何有效地养成习惯。

通过这一章的学习，希望大家能够掌握好习惯养成的基本原理和具体操作策略。这些知识不仅适用于培养孩子的好习惯，也可以运用到自身和家庭其他成员的习惯培养中。让我们一起努力，帮助孩子养成更多良好的习惯，为他们的成长和发展打下坚实的基础。

家长练习题

为了帮助大家更好地掌握这些方法，我们布置一个练习。请大家以孩子的日常习惯为例，比如"吃饭前和上厕所后洗手"，根据前文讲的步骤和环节，设计一个具体的方案，目标是在两个月到半年内帮助孩子养成这个卫生习惯。尝试将稳定的线索、简单可重复的行为以及随机的奖励等方法结合起来，看看能否养成这一习惯。

本章要点总结

■ 习惯的分类

学习的习惯：阅读习惯、听课习惯、写作业的习惯、考试习惯、思考习惯等。

生活的习惯：刷牙、早起、卫生习惯等。

成长的习惯：讲文明、讲礼貌、诚信、坚韧等积极品质。

■ 从行为到习惯的四部曲

偶然行为的出现：行为初次出现通常是偶然的。

积极的行为反馈：行为得到积极反馈，促进其重复发生。

行为与结果的重复：行为在简单、稳定的情况下反复练习。

固化环境线索：确保环境线索的稳定，固化行为。

■ 好习惯形成的条件

天时：适宜的时间。

地利：稳定的环境。

人和：良好的亲子关系。

■ 好习惯形成的操作步骤

第一阶段：行为确认阶段

　环节1：与孩子一起明确具体的目标行为。

　环节2：体验目标行为，找出线索元素。

　环节3：完成三次目标行为，确认行为的可行性。

第二阶段：习惯形成阶段

　环节1：构建稳定的环境线索。选择固定时间和地点，确保环境的稳定性。

环节 2：构建奖励反馈机制。设定具体目标和奖励机制。

环节 3：绑定线索和行为，并进行高密度的简单重复。

■ 好习惯形成的关键

稳定的线索：固定的时间、地点、人物和任务。

简单且可重复的行为：行为必须足够简单，容易重复。

随机的积极反馈：及时且不确定的奖励机制增强期待感。

第 5 章

坏习惯如何矫正

谈到坏习惯的矫正，我们需要解决两个关键问题。

第一，我们需要了解坏习惯的形成原理。无论是沉迷手机还是拖延写作业、粗心大意，这些生活和学习中的坏习惯是如何形成的？

第二，我们需要知道矫正坏习惯的基本策略。要矫正坏习惯，有哪些关键步骤和技巧？掌握了相关原理和基础知识及在具体实践中的技巧和具体步骤，我们就能更好地矫正孩子在学习、成长和生活中的坏习惯。

坏习惯矫正涉及的主要原理

我们先来讲解坏习惯矫正的原理，总共有三大原理：

第一，坏习惯的矫正规律与通用的习惯养成的规律一致。

第二，坏习惯的存在对于孩子来说具有一定的合理性。我们需要思考并挖掘坏习惯对于孩子来说意味着什么，它满足了孩子的哪些需求。

第三，我们需要设置坏习惯矫正的关键目标。

这三点是关于坏习惯矫正的核心原理和基本规律的重要知识点。

坏习惯的形成规律与矫正原理

第一点：所有的坏习惯一旦形成，就符合习惯的一般规律。

例如，行为是由目标驱动的，而习惯是由线索激活的程序性行为反应。所以，要改变一个孩子的坏习惯，首先要了解他的行为规律。

坏习惯一旦形成，单纯的目标、教育和提醒对改变习惯的效果很差。脑科学研究发现，坏习惯一旦养成，基于具体学习目标和教育目标的引导已失效。习惯形成后，大脑会绕开理性分析、外界的教育和提醒而直接发起行为，因此监控和提醒的效果会大打折扣。例如，在玩手机的习惯养成后，孩子不再以兴趣或远大目标为导向，沉迷手机，不顾前途，即使到了初三、高三等阶段也是如此。

同时，习惯一旦养成，行为的目标感会大大减弱，行为变得自动化。习惯是一套程序化、自动化的行为组合。习惯形成后，行为由原来的基于目标、教育、提醒和监督而执行，变成了直接由线索激发的自动化反应。例如，养成了玩手机的习惯的孩子，在看到手机这一线索后，就会自动激发玩手机的行为。

第二点：了解坏习惯满足了孩子的哪些需求。

无论是拖延、说谎、粗心大意，还是沉迷手机等坏习惯，从孩子的角度来看，这些行为一定满足了他们的某种需求。如果不能找到替代方案，孩子很难改变这些行为。例如，如果不了解玩手机满足了沉迷手机的孩子的什么需求，不能找到新的方式满足这些需求，那么孩子就很难戒掉手机。

举例来说，孩子有拖延的坏习惯可能是为了避免立即感受到压力或受到责备。如果孩子不拖延，就得马上开始学习或者在完成作业后可能会因为作业中的错误而受到责骂。因此，拖延在某种程度上帮助孩子推迟了感受到压力或受到责备的时刻。如果我们理解了这一点，就能更好地找到改变的方法。

从孩子的角度来看，坏习惯实际上能让他们获得一些好处。我们需要花时间来分析这些好处是什么，而不是直接批评孩子。通过心理视角了解孩子行为背后的规律，了解孩子为什么要这么做，对孩子行为背后的需求有深刻理解，我们才能找到更合适的矫正策略，设计更有效的干预措施和替代方案，从而帮助孩子逐步改掉坏习惯。

第三点：消除环境线索。

坏习惯的矫正关键在于消除那些诱发习惯性行为的环境线索。这可能与我们平时所了解的方法有所不同。坏习惯是由特定的线索诱发的一系列不良的行为反应，因此，改变坏习惯的核心工作是消除那些诱发连锁行为反应的环境线索。

例如，一个屡次减肥失败的孩子，家长想要改变孩子乱吃零食的不健康饮食习惯，重中之重不是对孩子进行健康教育，而是把零食放到孩子看不见或拿不到的地方。消除这些线索信息，比单纯地进行教育效果更好。因此，我们要规划如何改变旧线索并设置新线索。例如，要养成早起的好习惯通常需要打破一个现有的坏习惯。坏习惯会被稳定的环境线索自动激活，所以打破坏习惯的关键不在于一个人有多大的决心，或者接受了多少教育，而是要消除那些影响行为反应的线索。而对于沉迷手机的孩子，单纯的教育效果有限。更有效的方法是关掉网络，清除游戏，消除这些线索的效果远远好于简单的教育。

在坏习惯矫正的具体干预措施中，有一个非常重要的方法叫作增加行为发生的难度。与好习惯的养成需要行为简单、可重复不同，坏习惯的矫正则需要让行为变得复杂、难以重复。如果孩子在书房里随手就能拿着手机玩游戏，那么沉迷手机的行为发生的条件就太便利了。因此，增加行为难度是矫正坏习惯的关键。

还有一些具体的方法可以帮助增加行为的难度。例如，对于沉迷网络游戏的孩子，不需要直接进行教育，而是可以将家里的网络速度调到最低，让游戏变得不畅快，使孩子玩游戏的体验变差。或者，可以将手机或电脑的开机过程弄得复杂一些，设置一个特别长的孩子容易输错的密码。这些方法增加了行为发生的难度，可以使坏习惯的矫正方法变得更加可行。总之，增加行为发生的难度，能有效地帮助矫正坏习惯。

第四点：插入新行为。

在坏习惯矫正过程中，行为靶点的设置和调整是非常关键的。在解绑引发坏习惯的线索和行为后，需要在线索后插入一个新的、健康的行为。因为习惯性行为是由线索驱动的，当线索和行为紧密结合在一起时，就形成了习惯。为了有效地改变坏习惯，我们必须打破这种紧密的联系，并在其中插入新的行为。

切断线索和行为之间的紧密关联，有助于减少自动化行为的发生。将旧行为与线索解绑的关键在于新的替代行为的有效性。一个行为很难仅通过教育直接改变，更重要的是要找到合适的替代行为，用新的行为来替代旧的坏习惯。这才能在线索出现后，诱发新的健康行为。

例如，在孩子完成作业后，这个完成作业的行为就是一个线索。以前，这个线索通常会引导孩子立刻去玩游戏（行为）。如果我们想要改变这个坏习惯，就需要在完成作业后插入一个新的行为。可以用一个有趣且有益的活动来替代玩游戏，如阅读一本喜欢的书，或者进行一段时间的体育活动。这种替代行为的选择必须适合孩子的兴趣，并能带来快乐，这样才能成功地解绑原来的线索和行为，并重新绑定新的行为。

通过插入新的替代行为，可以让孩子逐渐形成新的习惯。这就像开车时的路径选择，原来的路被堵住了，但新修的路提供了另一种选择，使孩子能够顺利地改变行为方向。这样一来，原来的坏习惯就能被新习惯所取代。这是矫正坏习惯的一个重要原理和方法论。

之前我们提到过好习惯的养成要及时地奖赏与反馈。而坏习惯的矫正恰恰相反，一个行为出现之后，如果没有即时的积极反馈，那么这个行为孩子慢慢地就不想做了。例如孩子打网络对战游戏，假如他连续打了几次却没有一次赢，那你说孩子有什么乐趣吗？所以如果你能悄悄地调高游戏的难度，或者是让游戏变得特别简单，让孩子玩得没意思，都有可能切断反馈。所以矫正坏习惯的原理其实就是要切断那些由不好的行为带来的积极的反馈，就是让孩子做这个行为没有快乐可言，而没有快乐可言，行为和线索之间的紧密的联结就会松动，它们之间的愉悦反馈就被切断了。

矫正坏习惯的具体流程

我们将详细介绍坏习惯矫正的具体方法。这些方法适用于各种坏习惯的矫正，例如手机管理、不讲卫生等。具体的操作将在后续章节中详细说明。

首先，我们来看一下坏习惯矫正的具体流程图（见图 5-1）。这一流程图展示了通用的坏习惯矫正步骤，适用于任何坏习惯的矫正过程。

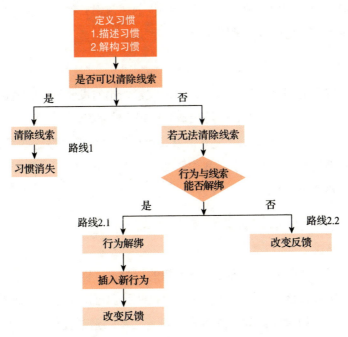

图 5-1　坏习惯矫正的具体流程图

定义习惯

要矫正坏习惯，首先要明确你要改变的孩子的坏习惯是什么，解构诱发习惯性行为的所有条件。这一步可以参考我们在前一章中讲到的习惯养成的第一个阶段，即行为确认的阶段。通过详细描述和解构诱发习惯性行为的具体元素，我们可以更好地理解和分析这些习惯。

找到并清除线索

在分析过程中，一个最重要的工作是找到那些可以诱发具体行为的线索。一旦找到这些线索，如果可以直接清除，则应立即采取行动。例如，要矫正孩子玩手机的坏习惯，如果能够直接没收手机，就可以有效地阻断孩子玩手机。

路线 1：清除线索

如果能够直接清除诱发行为的线索，比如没收手机、藏起零食，坏习惯就会消失。这是一条简单有效的路径。

然而，在大部分情况下，家长可能无法直接清除这些线索。如果不能直接清除线索，我们需要进入下一条路线，即将行为与线索解绑或改变反馈。

路线 2：将行为与线索解绑或改变反馈

路线 2.1：行为与线索解绑

通过在行为和线索之间插入新的行为，可以有效地减少坏习惯。例如，孩子做完作业后想玩手机，我们可以在这之间插入新的行为，如看动画片、吃零食或进行运动。通过提供多种选择，让孩子在写完作业后不再只有玩手机这一个选择，从而削弱坏习惯的顽固性。

如果行为与线索无法解绑，无论是因为孩子不愿意还是家长没有能力解绑，这时，则需要进入第三条路线，即改变由坏习惯带来的反馈和奖赏的体验。

路线 2.2：改变反馈

改变由坏习惯带来的反馈和奖赏的体验，减少行为的愉悦感甚至增加一些痛苦体验，可以有效减少坏习惯的发生。例如，通过降低网络速度或增加游戏启动的难度，使孩子的体验变差，从而减少玩游戏的时间。

案例分析：沉迷手机

背景：小明沉迷于手机游戏，经常玩到很晚，影响作业的完成和睡眠时间，家长多次提醒效果不佳。

操作步骤如下。

1. 定义习惯

描述习惯：小明沉迷于手机游戏，经常玩到很晚，影响作业的完成和睡眠时间。

解构习惯：分析小明的行为习惯，找出诱发他玩手机游戏的线索。放学回家看到手机、没有其他活动安排是两个主要线索。

2. 找到并清除线索

在小明放学回家后，将手机放在他看不到的地方，或限制小明使用手机的时间。例如，将手机放在家长的房间或者设定密码；或者，只有在完成作业和其他活动后才能使用手机。

3. 若无法清除线索

将行为与线索解绑：如果小明在家里看到手机依然想玩，可以尝试在放学后给小明安排一些有趣的替代活动，如户外运动、

做手工、读书等。在进行这些活动前，家长可以制定规则，比如"完成作业后，我们一起去公园玩"。通过这种方式，将"放学回家后玩手机"的行为与线索解绑，并在线索后插入新的行为。

改变反馈：如果小明仍然执意玩手机，家长可以改变小明玩手机游戏的反馈。例如，限制手机的网络速度，使游戏变得卡顿、不流畅，或者限制游戏时间。通过增加玩手机的负面反馈，减少小明对手机游戏的兴趣。

案例分析：无节制地吃零食

背景：小红喜欢在饭前和饭后吃大量零食，导致正餐吃不下，营养不均衡，家长多次提醒效果不佳。

操作步骤如下。

1.定义习惯

描述习惯：小红喜欢在饭前和饭后吃大量零食，影响正餐的食欲和营养均衡。

解构习惯：分析小红的行为习惯，找出诱发她吃零食的线索。例如，放学回家看到零食，或者看电视时想吃零食。

2.找到并清除线索

将家里的零食放在孩子看不到、拿不到的地方。例如，把零食放在高处的柜子里，或者锁起来。如果可以直接清除线索，习惯就会消失。

3. 若无法清除线索

将行为与线索解绑：如果无法完全避免零食的出现，可以尝试在孩子放学回家后或看电视时安排一些健康的替代食品，如水果或坚果。在这些时间点，家长可以制定规则，比如"放学回家后，我们一起吃点水果"。通过这种方式，将"放学回家或看电视时吃零食"的线索与行为解绑，并在线索后插入新的行为。

改变反馈：如果小红依然执意吃零食，家长可以改变小红吃零食带来的反馈。例如，限制零食的种类和数量，每次只能吃少量的并且健康的零食。通过增加吃零食时的负面反馈，减少她对零食的兴趣。

总结

通过以上案例，我们可以看到，家长在矫正孩子的坏习惯时，可以遵循定义习惯、找到并清除线索、行为解绑和改变反馈的步骤。这些方法和步骤能够帮助家长更有效地矫正孩子的坏习惯，培养孩子良好的行为习惯。

本章要点总结

■ 坏习惯矫正涉及的主要原理

原理 1：坏习惯矫正规律与习惯养成的规律一致。坏习惯一旦形成，遵循一般习惯规律，行为由线索激活，绕开理性分析。

原理2：坏习惯的存在对孩子而言具有一定的合理性。理解坏习惯满足了孩子哪些需求，找到替代方案满足这些需求。

原理3：设置矫正目标。消除诱发坏习惯的环境线索，设置矫正的关键目标。

■ 坏习惯的形成规律与矫正原理

1. 坏习惯一旦形成，符合习惯的一般规律。
2. 了解坏习惯满足了孩子的哪些需求。
3. 消除环境线索。
4. 插入新行为。

■ 矫正坏习惯的具体流程

步骤1：定义习惯。明确要改变的坏习惯，详细描述诱发习惯性行为的具体元素。

步骤2：找到并清除线索。分析诱发行为的线索，直接清除这些线索。

步骤3：解绑行为与线索。通过在行为和线索之间插入新的行为，减少坏习惯。

步骤4：改变反馈。改变反馈的奖赏体验，减少行为的愉悦感。

第 6 章

萧班习惯沟通方法论

为什么你将道理讲了千百遍，孩子仍然无法养成好习惯呢？我给你讲一个非常扎心的事实。我们通过最近的一系列研究发现，在孩子习惯养成这件事情上，家长道理讲得越多、讲得越深刻，孩子的习惯养成越难！我知道这个事实会让家长们感到困惑，这一章将详细解释为什么你想通过讲道理与孩子沟通，却不能有效促使孩子养成好习惯。

与孩子沟通习惯养成问题的三大挑战

关于孩子习惯的养成，家长在与孩子沟通时会面临哪些难题？我们总结了三大挑战。

第一大挑战：80% 原则

关于孩子习惯的养成，家长面临的第一大挑战就是 80% 原则。根据统计，我们发现儿童青少年在学习、生活和成长中出现的各种问题大约 80% 都与坏习惯有关。习惯确实是影响每个孩子学习、成长和生活质量的最重要因素之一。

孩子沉迷玩手机、学习时注意力不集中、早上赖床、晚上不睡、写作业拖延、不讲卫生、不讲礼貌等，这些都是习惯问题。因此，当我们在讲做事情要抓重点、抓主线时，习惯问题无疑是家庭教育的主线之一。

第二大挑战：儿童青少年的坏习惯问题逐年增加

我们课题组 2024 年的一个研究[⊖]发现，近年来儿童青少年沉迷手机、熬夜等习惯问题非常严重，比五年前增加了两到三倍。这些坏习惯，无论是在学习层面、成长层面还是生活层面，都是层出不穷的。我们经常帮助家长们解决家庭教育中的问题，通过分析提炼发现，一半以上的问题都与孩子的习惯有关，且家长往往不知道如何解决这些习惯问题。这使得教养任务面临着严峻的挑战，每个家长都应该重视孩子好习惯的养成，并重视坏习惯的矫正问题。

第三大挑战：家长不知道该怎么跟孩子沟通习惯养成问题

这是一个关键的问题。因为不知道怎么去沟通，家长在解决孩子这些习惯问题时的效果往往很糟糕。例如，现在网络上流行一个说法：不写作业母慈子孝，一写作业鸡飞狗跳。这本质上反映了两个问题：孩子写作业的习惯有问题；家长在与孩子沟通写

⊖ WANG J P, CHEN J Y, WANG P G, et al. Identifying internet addiction profiles among adolescents using latent profile analysis: relations to aggression, depression, and anxiety[J]. Journal of affective disorders, 2024, 359, 78-85.

作业的习惯时存在问题。

很多家长向我们咨询："孩子早上不起床，我该怎么说才有效果？""他在家里乱丢东西，我该怎么说？""他总是玩手机，我一说他就发脾气，该怎么办？"这些问题折射出一个核心问题：在孩子出现各种学习、成长和生活中的习惯问题时，父母不知道如何沟通才有效？

我们做过很多尝试，比如举办针对家长的沟通技能训练营、在学校举行家长讲座，或邀请家长和孩子就习惯矫正的问题进行个体咨询。通过这些工作，我们找到了家长与孩子沟通时面临的三个难点。

家长与孩子沟通习惯问题的三个难点

第一个难点：讲了千百遍，孩子就是不改

你会发现，关于孩子习惯问题的养成和矫正，家长与孩子沟通的效率特别低。家长反复讲道理，但效果却很不理想。这让家长们感到非常沮丧，因为他们投入了大量时间和精力，却没有看到预期的效果。

第二个难点：孩子总是有各种理由进行反驳

在与孩子沟通习惯问题时，家长经常发现，孩子总是有各种理由来进行反驳。在沟通过程中，由于双方的想法和观念不一致，导致沟通的过程特别痛苦。很多家长在与孩子讲道理时，最后自己崩溃，或者导致双方吵架。这也是为什么我们强调孩子习惯的养成要从沟通的角度切入。家长在沟通时最大的难点就是不

知道该怎么说孩子才愿意听，因此我们需要提取沟通的要点，还原最真实的沟通过程，想办法解决这些问题。

第三个难点：孩子将应做的事情变成了与家长谈判的条件

家长经常提到，明明是孩子应该做的事情，却变成了孩子谈判的条件。例如，对于孩子来说，学习本该是天经地义的事情，但由于沟通不畅，家长不断让步、妥协，结果变成了孩子与家长谈判的条件。孩子利用这些谈判条件来获取更多的好处，而家长在这一过程中感到无所适从。

家长在与孩子沟通习惯养成问题时的误区

很多家长在与孩子沟通习惯养成的话题时，确实存在一些误区，包括知识上的盲区、理念上的误区和方法上的不恰当等。因为这些误区，导致沟通方法不对、沟通的效果不好、沟通时的体验不佳。

第一个误区：只在忍无可忍时才沟通

你是否只在孩子的各种坏习惯让你忍无可忍的时候，才想着与孩子沟通？我们见过大量家长，如果孩子的一个习惯没有触及他们的痛点，他们往往不会管，直到问题严重到不可忽视时，才去想怎么沟通。其实，孩子的习惯问题一定要及时解决，尤其是在问题初现时就加以解决，才能达到最佳效果。

第二个误区：培养好习惯和矫正坏习惯的沟通方法雷同

培养好习惯和矫正坏习惯需要完全不同的沟通方法，但大部分家长不知道这一点。这是一个非常重大的误区。

第三个误区：认为在沟通中孩子最不满意的是父母的吼叫

我们经常听到"不吼不叫好家长"的说法。但事实上，孩子最烦的不是你的吼叫，而是你讲了半天，却没有提出一个孩子真正认可、能解决他问题的有效方案。有效的解决方案才是沟通的关键。

第四个误区：误解沟通的实质

很多家长认为自己每天花了大量时间在与孩子沟通习惯养成的问题，但孩子往往认为父母只是在发脾气。家长认为是在沟通，而孩子觉得只是被训斥。这是亲子沟通中一个很大的误区，会导致亲子双方无法有效交流。

家长在与孩子沟通习惯问题时急需解决的问题

基于上述家长普遍面临的挑战，我认为目前家长在与孩子就习惯问题进行沟通的过程中有四个急需解决的问题。

第一个问题：知识的欠缺

家长对于习惯养成的科学知识了解不够。例如，好习惯的培养和坏习惯的消除需要不同的沟通模式。习惯的本质是一种程序化的记忆，家长与孩子沟通习惯问题的重点不在于说教，而在于将习惯方面的科学知识灵活地应用于实践中。

第二个问题："道理都懂，一用就废"

很多家长明白相关的道理，但在实际操作中却不会用。不管是知识还是沟通技巧，最主要的是在解决问题时要用得上，这也是我写这本书的目标之一。

第三个问题：不能举一反三

很多家长在解决一个习惯问题后，遇到新的问题就不会了。学到的知识不能迁移和灵活应用，这是一个急需解决的普遍问题。

第四个问题：无法预判问题的发展趋势

家长往往无法预判接下来可能发生的问题。例如，一个小学生每天晚上玩两个小时游戏，家长觉得没什么问题，但无法预判这个行为对孩子在初高中的学习、未来健康等方面的影响。

本章的内容可以帮助家长掌握与孩子沟通的通用规律和方法，解决 80% 的亲子间基础的沟通问题。家长将学会思考和解决复杂的沟通问题。同时，这一模块也能帮助家长了解习惯养成的重要性和基本理论常识。有了这些理论常识，家长就掌握了解决习惯养成问题的方法论，为后续具体解决实践中的各种习惯问题打下了坚实的基础。

在本书后面的章节中，我们将详细阐述在各种场景下，家长该如何与孩子沟通以促进好习惯的养成。我会给大家提供许多沟通技巧和工具。在多年帮助家长解决与孩子沟通各种习惯方面的难题的过程中，我构建了一套帮助家长与孩子沟通的萧班 CMT 沟通法则，这套方法论可以帮助家长解决 80% 的与孩子沟通习惯问题时遇到的难题。

此外，我还开发了一套帮助家长们更好地与孩子进行沟通的方法，家长们使用这个方法，一般只需要 15 分钟就能起效果，所以大家把这套方法叫作"三五沟通法"。大家先记住"三五沟通法"这个名字，未来在与孩子沟通习惯养成的具体问题时，我们都要用这套方法来一起讨论具体的沟通方案。

萧班 CMT 沟通法则

首先介绍萧班 CMT 沟通法则。自从我 2019 年提出这个法则以来，许多家长反馈说这个法则不仅可以用来与孩子沟通习惯方面的问题，还可以解决与孩子沟通的任何问题。它是一套用心理学技术构建的家长与孩子沟通的方法。以下是 CMT 沟通法则的基本思路，后面章节中我们会根据具体问题提供详细的 CMT 沟通法则应用示例。

CMT 沟通法则由三个关键词的英文单词第一个字母组成：概念化（Conceptualization）、方法论（Method）、工具箱（Toolbox）。家长在解决孩子好习惯养成和坏习惯矫正的问题时，可以遵循 CMT 沟通法则。

C 法则：概念化

这一法则强调家长在每次跟孩子沟通事情时需要把要表达的内容的重点凸显出来。将沟通时的核心诉求变成一个单独的概念化的沟通内容。这个 C 法则可以让家长沟通的内容有结构，有逻辑，有重点。家长跟孩子讲问题时要聚焦目标，聚焦主线。我们很多的家长在跟孩子沟通各种习惯的问题时常常一点逻辑都没有，想到什么就说什么，讲起来没完没了。孩子为什么不愿意听你讲话？他烦啊！因为他不知道你到底要说什么，也不知道你讲的重点是什么，你的核心观点是什么。所以，家长跟孩子关于某个问题进行沟通，要点对点，要聚焦问题本身。你沟通时的信息要结构化，逻辑上要清晰，内容上有边界。将你的需求和你理解的孩子的需求进行概念化，你要提炼出：我这次找你谈这件事情，我有什么诉求？我认为你在这件事情上有什么需求？把双方的需求概念化。概念化是为了保证你说话的时候条理清晰、逻辑清晰、内容充分、证据充分，这样孩子才会觉得你懂他的需求，才愿意听。

M 法则：方法论

从沟通的心理规律出发，结合家长与孩子沟通过程中的重点、难点，我构建了一些方法论。这些方法论是家长必须遵循的沟通法则。你与孩子的沟通，不能随心所欲，而要基于以下几个重要的方法论来进行。我们认为，在孩子的学习、成长和生活中，有效沟通有三个重要的方法论：建立良好沟通关系的方法，将沟通内容结构化的方法，三点一线的沟通方法。

建立良好沟通关系的方法

在我们以往的所有实践中，我们发现建立沟通关系对于有效沟通至关重要。很多家长不是不会沟通技巧，而是亲子关系没有达到能够有效沟通的程度。我们先来讲讲建立亲子关系的三要素：信任感、亲密感和价值感。只要这三要素建立好，你与孩子的亲密关系就会更好，沟通也会更顺畅。

信任感是沟通的桥梁，是孩子愿意与你沟通的前提。在心理咨询过程中，信任感同样是前提。孩子不信任你，沟通就无从谈起。再厉害的咨询师，如果得不到孩子的信任，也无法开展有效的沟通。

亲密感是解决沟通分歧的利器。没有亲密关系，你与孩子讨论对错得失时，亲子关系会变得紧张，甚至会激化矛盾。亲密感能让孩子觉得，即使有分歧，彼此关系依然紧密。

价值感是指沟通的内容是否有意义，是否有价值。很多家长虽然每天都在和孩子沟通，但在孩子眼中，这些沟通不过是唠叨。家长要不断提升自己的认知和知识水平，为孩子提供有价值的建议和解决方案，这样孩子才愿意听取你的建议。

将沟通内容结构化的方法

沟通的内容要有结构。我经常跟家长们说："你可能有各种各样的问题，但要将海量的问题结构化，再用结构化的沟通方法来解决问题。"

三点一线沟通法

这是一个特别重要的方法。与孩子沟通学习或其他习惯问题时，首先要理解"三点"，它们是沟通中的靶点。始终围绕这三点来沟通，可以使沟通的内容条理清楚，结构清晰，让孩子知道你要跟他聊什么。

关系要点：始终围绕促进亲子关系的目标进行沟通。沟通时要与孩子一起面对问题、解决问题，而不是让关系变僵、激化矛盾。沟通中父母与孩子要像站在同一战壕里的战友，这样沟通效果才会更好。

情绪要点：沟通时要让孩子的情绪趋于平静，甚至是愉悦。避免让孩子越聊越愤怒、激动。在愉悦情绪时孩子有更好的适应能力，这能让沟通更有效。

态度要点：基于你和孩子的观点求同存异，找到解决问题的共同点。如果能让孩子理解、认同你的观点，那当然更好。

一线：就是沟通内容的主线。每次沟通都要有清晰的主题，要明确这次沟通的重点是什么。比如，聊孩子学习拖延、不爱学习、写作业粗心等问题时，每次只谈一个具体问题，把内容的关键要点和诉求写下来，针对具体的问题寻找解决方案，而不是无限衍生，变成一个难以解决的新问题。

三点一线沟通法能让沟通更有逻辑，效果更好。家长可以通过这种方法，让孩子明白沟通的目的，知道你在关注什么，进而改善沟通效果。

通过这些方法论，家长可以更有效地与孩子沟通，帮助孩子养成良好的习惯，从而实现教养目标。

T 法则：工具箱

CMT 沟通法的第三个关键元素是 T，代表工具箱。这个工具箱能够在未来的沟通中作为锦囊，帮助家长解决实践中遇到的问题、冲突和难点。

我为大家准备了两个工具箱：需求的共识器；分歧处理器。

工具箱 1：需求的共识器

第一个工具箱叫需求的共识器，要让双方需求达成一致，需要解决三个问题。

双方需求的交集在哪？ 家长和孩子的需求可能不同，但两者之间是否存在一个共同的需求？如果这个共同需求存在，就可以从这个部分开始，逐步扩展并放大这个部分的作用。

如何让共识由小变大？ 找到一个小的共识点后，逐步扩大这个共识，使双方在更多问题上达成一致。

在解决问题的方案中如何体现孩子的需求？ 在提出解决方案时，确保孩子的需求得到体现。

工具箱 2：分歧处理器

第二个工具箱是"分歧处理器"。在与孩子沟通时，出现分歧是难以避免的。家长和孩子之间的需求往往不同，例如，孩子想玩，而家长希望孩子学习。有分歧不可怕，关键是如何处理分歧。

处理分歧的步骤

确认事实。在处理分歧时，首先要确认事实，确保双方对问题有相同的理解。很多分歧的出现其实源于信息的不对称，家长和孩子对同一个问题有不同的看法和理解。因此，消除信息偏差是处理分歧的第一步。例如，在孩子不愿意学习时，你需要确认他是真的不愿意学习，还是只是这一刻不愿意学。通过确认具体情况，可以避免误会。

理解原因。了解孩子行为背后的原因。孩子为什么会有这样的行为？他的需求和动机是什么？家长需要通过提问和倾听，理解孩子的内心世界。例如，可以问孩子："你为什么不愿意写作业？是什么让你感到困惑或不开心？"通过了解原因，家长可以更有针对性地提出解决方案。

提出建议。在了解原因的基础上，家长可以提出解决方案，并与孩子一起讨论。这时，家长需要展示灵活性和包容心，鼓励孩子提出自己的想法。例如："如果我们把写作业的时间安排在你最喜欢的动画片之后，你觉得这样会不会好一些？"

达成共识。在讨论过程中，家长和孩子需要找到共同点，并达成共识。共识不一定是完美的解决方案，但它是双方都能接受的方案。例如："你可以先写 30 分钟作业，然后休息 10 分钟，玩一会儿手机，再继续写作业。这样你觉得可以接受吗？"

评估与调整。达成共识后，家长需要定期评估方案的实施效果。如果发现方案实施效果不佳，需要及时调整。例如，可以问孩子："我们试了一周的这个方法，你感觉怎么样？有没有需要改进的地方？"

案例分析：小明沉迷于手机游戏

案例背景：小明的妈妈发现，小明每天放学后总是沉迷于手机游戏，导致写作业拖延。她尝试了多种方式，包括没收手机、强制写作业，但效果不佳，反而引起小明的反感和抵触。

使用分歧处理器

确认事实。妈妈先与小明确认情况，了解他每天放学后的活动安排和时间分配。

理解原因。通过沟通，妈妈了解到小明觉得上学一天很辛苦，需要通过玩游戏来放松自己。

提出建议。妈妈提出一个折中的建议："我们可以试试这样，你先做 30 分钟作业，然后休息 10 分钟，玩一会儿手机，再继续写作业。这样你既能完成作业，又能放松一下。"

达成共识。小明同意了妈妈的建议，并且在后续的沟通中，妈妈发现这种方法效果不错，小明的作业完成效率明显提高。

评估与调整。一周后，妈妈与小明再次沟通，了解这个方法的效果，并根据实际情况做出调整。

通过使用分歧处理器，家长可以有效地处理与孩子在沟通上的分歧，找到双方都能接受的解决方案，促进良好的沟通和合作。

结合案例分析

通过以上案例中分歧处理器的应用，我们可以了解家长与孩子之间的有效沟通过程。首先，家长需要确认孩子不愿意学习的具体情况，了解其背后的真实原因。例如，孩子可能只是在这一刻不愿意学，而不是永远不愿意学。其次，家长需要了解孩子的需求，例如，孩子可能觉得学习枯燥乏味，或者对学习没有兴趣。

在了解了孩子的需求后，家长可以提出切实可行的建议，并与孩子讨论这些建议的可行性。例如，家长可以在孩子完成了一定的学习任务后，允许孩子休息一下，玩一会儿手机。这种方法不仅满足了孩子的需求，也能帮助他们养成良好的学习习惯。

在达成共识后，家长需要定期评估方案的实施效果，并根据实际情况做出调整。例如，如果发现孩子在这种安排下学习效率提高，家长可以继续使用这种方法；如果发现效果不佳，家长需要与孩子再次沟通，找出问题所在，并提出新的解决方案。

通过分歧处理器，家长不仅能够有效地处理与孩子的分歧，还能够找到双方都能接受的解决方案，从而促进良好的亲子关系。这个过程不仅解决了具体的学习问题，也增强了孩子的责任感和自律能力，为他们的成长和发展奠定了良好的基础。

在接下来的章节中，我们将通过更多实际案例，详细讲解如何在不同场景下应用这些工具，希望每一位家长都能从中受益，提升教育技巧，培养孩子的良好习惯。

三五沟通法

我推荐给大家的第二个沟通方法叫"三五沟通法"。这个方法是我用心理学技术解构沟通原理后开发的高效沟通的具体操作流程。简单来说，这个方法就是把任何复杂的问题分成三个部分来沟通。我经常提倡，再困难的问题沟通都应该能够在 15 分钟内达成共识。如果不能在 15 分钟之内沟通清楚，只有两种可能：

问题太复杂。这时，需要将问题解构成若干个更小单元的问题来进行沟通。

双方缺乏基本的沟通条件。要么是沟通双方的关系太差，在沟通中无法信任彼此；要么是沟通双方的分歧太大，沟通会导致其中一方核心利益的巨大损失。

三五沟通法分为三个阶段，每个阶段用时 5 分钟。

三五沟通法的三个阶段

第一阶段：启动积极情绪，建立良好的沟通关系。

这个阶段的目标是让孩子进入一个放松和积极的情绪状态。通过愉快的聊天或与孩子能产生共鸣的话题来拉近亲子关系，让孩子感受到你是愿意与他沟通的。比如，可以聊聊孩子感兴趣的事情，或者讲一个让孩子开心的故事。

第二阶段：结构化地阐述需要沟通的内容、双方的诉求与分歧，达成需求上的共识。

在这个阶段，要清晰地、结构化地表达你想沟通的问题，以及你和孩子各自的需求和观点。比如："我注意到你最近写作业的时间越来越晚，是不是因为作业太多压力大？"通过这种方式，既可以让孩子明白问题的核心，也可以表达家长的感受和需求。

第三阶段：总结如何能够求同存异，以及制定指向未来的解决方案。

最后一个阶段，要总结前面的讨论，并提出一个双方都能接受的解决方案。这个方案应该既考虑到孩子的需求，也考虑到你的期望。例如："我们可以试试在你完成作业后，留出一些时间让你放松一下，你觉得这样可以吗？"通过达成共识，提出一个未来可以持续执行的方案。

实际应用

后续章节中，我们会通过许多具体场景，给出三五沟通法的实际应用例子。这样，家长们就能掌握如何用三五沟通法来解决孩子的各种复杂的习惯问题。

为了便于大家理解和应用三五沟通法，我们提供了以下流程图（如图 6-1 所示）：

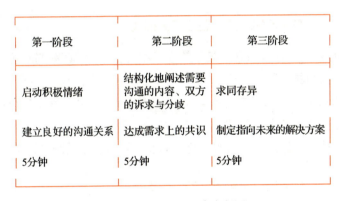

第一阶段	第二阶段	第三阶段
启动积极情绪	结构化地阐述需要沟通的内容、双方的诉求与分歧	求同存异
建立良好的沟通关系	达成需求上的共识	制定指向未来的解决方案
5分钟	5分钟	5分钟

图 6-1　三五沟通法流程图

示例

第一阶段：妈妈与孩子坐下，聊聊今天学校发生的趣事，或者孩子喜欢的游戏和动画片。通过轻松愉快的聊天，调动孩子积极的情绪。

第二阶段：引导孩子谈论作业的问题，明确家长与孩子双方的诉求。"我注意到你最近写作业的时间越来越晚，是不是因为作业太多压力大？"

第三阶段：在双方达成共识后，提出一个指向未来的解决方案。"我们可以试试在你完成作业后，留出一些时间让你放松一下，你觉得这样可以吗？"

通过这样的三五沟通法，家长可以更有效地与孩子进行沟通，帮助孩子养成良好的习惯，提升亲子关系质量。

本章要点总结

■ 与孩子沟通习惯养成问题的三大挑战

挑战1：80%原则。孩子的学习和成长中约80%的问题都与习惯有关。

挑战2：问题严重。近年来坏习惯如沉迷手机、熬夜、睡眠问题等日益增多。

挑战3：家长不知道如何有效沟通，导致习惯问题难以解决。

■ 家长与孩子沟通习惯问题的三个难点

难点1：家长道理讲了千百遍，孩子就是不改。

难点2：孩子总是有各种理由进行反驳，导致沟通过程痛苦。

难点3：孩子将应做的事情变成了谈判条件。

■ 家长在与孩子沟通习惯养成问题时的四大误区

误区1：家长只在忍无可忍时才沟通。

误区2：家长对于好习惯培养和坏习惯矫正的沟通方法雷同。

误区3：家长认为沟通中孩子最不满意的是父母的吼叫。

误区4：家长误解沟通的实质。家长认为是在沟通，而孩子觉得只是被训斥。

■ 家长在与孩子沟通习惯问题时急需解决的问题

问题1：家长对于习惯养成的科学知识了解不够。

问题2：家长道理都明白，但在实际沟通中不会用。

问题3：家长在解决一个习惯问题后，遇到新问题就不会了。

问题4：家长无法预判接下来问题发展的趋势。

■ 萧班 CMT 沟通法则

概念化（Conceptualization）

要点1：沟通内容有结构、有逻辑。

要点2：聚焦目标，聚焦主线进行沟通。

要点3：信息清晰、逻辑清晰、内容有边界。

方法论（Method）

要点1：建立良好沟通关系的方法。

要点2：沟通内容的结构化方法。

要点3：三点一线的沟通流程方法。

工具箱（Toolbox）

要点1：需求的共识器。

要点2：分歧处理器。

■ 三五沟通法

阶段1：启动积极情绪，建立良好的沟通关系。

阶段2：清晰、结构化地表达问题和需求，确认双方的诉求与分歧点。

阶段3：总结如何能够求同存异，制定指向未来的解决方案。

3

第三部分

第 7 章

孩子不愿意学习，
你该怎么沟通

你是不是经常遇到这样的情况：孩子动不动就说"我不爱学习，我不想去学校，我不想写作业"。甚至有时会听到他们说"我讨厌学习。"或者孩子总是拖延时间，不愿意做作业，做作业时总是找借口，比如"再玩一会儿""肚子饿了"或者"等一下再做"。

孩子对学习有明显的抵触情绪，常常找各种理由逃避学习任务，总是说自己学不好、做不好，对自己的学习能力缺乏信心，这些问题本质上是行为习惯和认知习惯的问题。那么，家长在面对这些情况时，应该如何处理和与孩子沟通呢？

孩子不愿意学习的原因分析

家长要处理孩子不愿意学习的问题，首先需要了解孩子厌学的基本知识。厌学本质上是一种复杂的体验，孩子讨厌学习是因为学习给他们带来了不愉快的体验。那么，在什么样的情况下孩子会讨厌学习呢？主要有以下三种情况。

讨厌学习带来的糟糕体验。成绩不好的孩子常常会感到大量的挫败感，因此他们不喜欢学习。从这个角度看，厌学是应对挫败感的一种隔离保护机制，其目的是将学习带来的伤害降到最低。而成绩优异的孩子通常不会厌学，因为学习能带给他们更多的快乐。

讨厌学习的环境。有些孩子虽然成绩不好，但他们喜欢去学校，因为那里有他们喜欢的朋友，或者有对他们很亲切的老师。而有些孩子在临近高考时甚至会不想去学校，讨厌教室，觉得教室压抑。如果换一个地方学习，孩子就能学得下去，这说明他们讨厌的是学校的环境。

讨厌学习带来的人际关系问题。在 3000 多个拒绝上学的孩子中，至少有 1/3 是因为不喜欢同伴，不喜欢老师，或者因为学习问题与父母发生冲突而不愿上学的。有些孩子在学校受到欺负，被嘲笑，或者被老师辱骂，因此也不愿意去学校。

要判断孩子不愿意学习的原因，你可以画一个三角形，梳理孩子的学习体验、学习环境和人际关系这三个元素，一个个排查：孩子是否有不好的学习体验，是否讨厌学校环境，是否有与人际关系相关的问题。

家长处理的原则

如何解决孩子厌学的问题呢？关键在于理解和应对"厌"这

个字。厌恶是一种复杂情绪，它包含了若干种基本情绪，如失望、悲伤、不甘心、愤怒、绝望、倦怠、嫉妒和伤感。因此，处理厌学情绪相对困难。

家长在处理孩子不愿意学习的问题时，必须理解厌学的基本结构。

厌学 = 糟糕的学习体验 + 缺乏存在感 + 缺乏成就感。

1. 糟糕的学习体验

上学读书让孩子感到不快乐，甚至痛苦。这种糟糕的学习体验是导致厌学的一个重要因素。

案例：小明的挫败感

小明是一个初二的学生，数学成绩一直不好。每次考试，他的成绩都是班级的倒数几名。尽管他在家花了很多时间复习，但成绩始终没有起色。老师经常在课堂上批评他，甚至当着全班同学的面责备他不努力。同学们也因此嘲笑他。小明逐渐对数学产生了恐惧，每当上数学课时，他就感到紧张和焦虑。慢慢地，他开始讨厌整个学习过程，觉得自己无论怎么努力都不会有好结果。每天早上，他拖着沉重的步伐走进学校，脸上没有任何表情，眼神里充满了无奈和失望。

2. 缺乏存在感

家长要确保孩子在学习中有一种独一无二的存在感。厌学的根本原因之一是孩子在学习过程中缺乏存在感。

案例：小红的透明感

　　小红在班里成绩中等，她每天都按时完成作业，但她的努力似乎从未被注意过。老师更关注那些成绩优秀或表现差的学生，同学们也对她漠不关心。小红每天在教室里感到自己就像空气一样透明。一次，她在课堂上提出了一个非常有创意的问题，但老师并没有认真听取，而是草草回答后继续讲课。这件事让小红感到非常失落，她开始觉得自己的存在无关紧要。她的努力没有得到任何认可，慢慢地，她对学习的兴趣也逐渐减退。每天放学后，她只是机械地完成作业，内心越来越空虚，对未来充满了迷茫。

3. 缺乏成就感

　　缺乏学习带来的成就感会让孩子感到非常糟糕。当孩子的努力没有得到正向反馈时，他们逐渐会对学习失去兴趣。

案例：小亮的失望

　　小亮在班级里成绩一般，尤其是英语，他总是考不好。为了提高成绩，他报名参加了英语补习班，每天都认真复习和练习。然而，每次考试结果出来，他的成绩总是没有显著提升。他的努力似乎看不到任何回报。老师和家长也开始对他失去信心，不再鼓励他，而是不断强调他需要更加努力。不断地失败和成就感的缺乏让小亮感到非常沮丧。他开始怀疑自己是不是根本没有学习的能力。每当看到其他同学因为成绩优秀而受到表扬时，他的心里充满了羡慕。他逐渐对学习失去了兴趣，每次拿到试卷，他都觉得自己不可能取得好成绩。

通过这些具体的例子，我们可以更好地理解孩子厌学的原因和影响。在处理孩子厌学的问题时，家长需要针对这些原因进行有针对性的沟通和干预。

案例分析：不会沟通导致的学习危机

我给大家讲一个家长的案例。这个家长的孩子正在读高三，成绩在年级上大概排在 80 到 120 名之间。这个学校的教学质量非常好，所以这个排名也意味着孩子有望考上不错的重点大学。家长希望在高考前给孩子鼓鼓劲，让孩子的成绩更上一层楼。

于是，家长决定周末召开一次家庭会议，讨论孩子接下来的学习计划。这个家庭是书香门第，爸爸和爷爷都是北大毕业的。爸爸希望通过这次会议，激励孩子更加努力地学习。

然而，这位爸爸不太会沟通，在会议开始时，他说了几句话，结果整个会议彻底失败了。他说："你爷爷是北大毕业的，爸爸也是北大毕业，所以你必须上北大。如果你考不上北大，那就是你的失败，也是我们家庭的失败，我不能接受这样的结果。如果考不上北大，我就不再认你了，你上大学我也不送。"

孩子的爸爸的本意是想激发孩子的斗志，因为他觉得孩子聪明，但不够努力，有潜力可挖。然而，这些话一说出口，孩子的反应却与预期的完全相反。第二天，孩子就不再去学校了，也不愿意住在家里，要求妈妈给他租一个房子，否则就离家出走。妈妈没有办法，只好在家附近给孩子租了一个单间。孩子搬出去后，不学习，也不玩游戏，只是躺在床上。

两三周后，孩子的妈妈找到了我，讲起了这件事。我和孩子的爸爸聊了一下，他很奇怪："我只是想给他鼓鼓劲，怎么会变成这样？"

这是一次典型的失败的家庭沟通案例，家长没有掌握好概念化的沟通技巧，结果把家庭会议搞砸了。于是，我又把爸爸、妈妈和孩子聚在一起，再次开了一次家庭会议。

在这次会议上，我要求爸爸重新把上次讲的话再讲一遍。妈妈吓坏了，说："这可讲不得，我好不容易把孩子叫回来，再被爸爸刺激一下怎么办？"我说："没事，让爸爸讲，我给他翻译翻译。"

爸爸又把那句话讲了一遍：爷爷是北大的，爸爸也是北大的，所以你必须上北大。我插话道："听我说，爸爸的意思是，他和爷爷曾经在学习上都很优秀，所以相信你也有考上好大学的潜力。"然后，爸爸继续说："如果你考不上北大，那不仅是你的失败，也是整个家庭的失败。"我解释道："爸爸是想表达，你很努力，也很优秀，家庭有光荣的传统，所以爸爸敢和你打赌，你一定可以考到更好的学校。爸爸相信你能在高考中取得成功。"爸爸点头同意，我又补充道："你只要再努力努力，一定能考到更好的学校。"孩子听完这些话后，眼里重新有了光，整个人如释重负。

通过这次重新沟通，孩子受到了激励。第二天早上，孩子早早起床，背着书包去了学校，整个人充满了斗志和动力。这件事充分说明了沟通的重要性。会说话和不会说话，对孩子的学习状态和学习效果有巨大的影响。每位家长都应该学会用概念化的方式与孩子沟通，抓住问题的本质，有条理、有逻辑地表达自己的想法，这非常重要。

沟通技巧解析

从这个重新沟通的过程中，我们可以提炼出几个成功沟通的技巧。

概念化表达

爸爸的原话："你爷爷是北大毕业的，爸爸也是北大毕业，所以你必须上北大。"

我的沟通："听我说，爸爸的意思是，他和爷爷曾经在学习上都很优秀，所以相信你也有考上好大学的潜力。"我将爸爸的高压话语转化为对孩子潜力的信任，减少了孩子的心理负担。

心理学技术：这是积极重构（positive reframing）技术，通过将负面的陈述转化为积极的期望，来改变孩子的感受和反应。

情感共鸣

爸爸的原话："如果你考不上北大，那就是你的失败，也是我们家庭的失败。"

我的沟通："爸爸是想表达，你很努力，也很优秀，家庭有光荣的传统，所以爸爸敢和你打赌，你一定可以考到更好的学校。爸爸相信你能在高考中取得成功。"我帮助孩子感受到家长的信任和期望，而不是压力和威胁。

心理学技术：这是共情（empathy）技术，通过理解和表达对孩子情感的共鸣，与孩子建立情感联结，增强孩子的内在动机。

积极反馈

爸爸的原话："如果考不上北大，我就不再认你了，你上大学我也不送。"

我的沟通："你只要再努努力，一定能考到更好的学校。"我用积极、鼓励的语言代替批评和威胁，让孩子感到被认可，增强了他们的自信心和动力。

心理学技术： 这是积极强化（positive reinforcement）技术，通过提供正面的反馈，鼓励和强化孩子的积极行为。

家长如何沟通，让孩子愿意学习

学会有效沟通，能提升孩子积极学习的意愿。我想起北京市海淀区的一所特别有名的小学，这所学校的校长曾经跟我分享过一个经验：不论孩子成绩好还是不好，他都会时不时地单独夸赞他们，而且是夸具体的细节。比如说，"今天你的衣服很干净""我看到你主动维护了上楼梯的秩序，特别棒""今天你帮老师收拾了扫帚"。校长说，其实就这么一两句表扬的话，孩子们能开心三五天。因为在茫茫人海中被发现、被看见、被肯定，就会获得存在感。

有效的沟通有一个基本概念：既要对事，也要对人。你需要把事情讲清楚，提出你的观点，给孩子有效的建议。同时，你也要看到学习背后的人。是人在学习，你要看到这个人的努力付出，看到他遇到问题时的迷茫、焦虑和害怕，看到他通过多次努力仍然没有结果时的绝望。你如果能够感受到孩子的这些情绪，并且表达出来，那么你和孩子就是在一起解决问题。如果你只讲事，只指责孩子，那就是你带着问题来打败孩子，这两种沟通的效果是完全不一样的。

沟通时以人为中心

在沟通过程中，以人为中心对沟通效果的影响是最大的。很多农村的家长，本身没有太多高深的教育知识和经验，但为什么能培养出非常优秀的孩子呢？原因在于他们眼里有孩子，他们在考虑问题和与孩子交流沟通的过程中能够以人为本、以人为中心，始终针对孩子的喜怒哀乐、所思所想和需求进行有针对性的沟通。

具体做法

1. 关注细节，给予具体表扬

具体而真诚的表扬能让孩子感到被重视。例如，"今天你在课堂上举手发言了，很勇敢""你的作业写得很工整，继续保持"。

2. 理解孩子的情绪

感受到孩子的情绪，并且表达出来。例如，"我知道你今天学习很累，但你坚持下来了，真的很棒""我能理解你对这次考试结果的失望，但这只是一次考试，我们一起总结一下经验"。

3. 与孩子一起解决问题，建立信任

与孩子一起面对问题，而不是指责他们。例如，"你这次的数学题做错了，我们一起看看错在哪里，下次争取做得更好""你最近不想去学校，是不是有什么不开心的事？我们可以聊聊"。

通过这些具体做法，家长可以更好地与孩子进行沟通，帮助他们提高学习意愿。这不仅仅是解决学习问题，也是建立亲子关系的重要方式。

沟通时的注意事项

针对孩子，以人为中心进行沟通

经常有孩子跟我说："我不想去学校，我不想学习。"这种退缩意味着什么呢？意味着他们在学校学习的过程中遇到了困难、挑战或者委屈。这时，家长应该怎么沟通呢？

比如说，孩子跟你说："我不想去学校了。"你一定要回应

他："听你这么说，一定是你在学校学习的过程中遇到了什么困难或者委屈。妈妈最近可能工作忙，没注意到你的这些问题。能跟妈妈聊聊，你都遇到了什么困难吗？"这样，通过问题看到问题背后的人，孩子会感到被理解和关心，从而愿意打开心扉与你交流，共同解决问题，重新投入学习。

看见和肯定孩子

你家孩子有多久没有因为学习的事情被关注、被肯定了？很多家长总是以老板的视角看待孩子，认为"我养你，你就得听我的，为我学习"。这种视角只关注学习中的问题，而忽视了学习背后的真实的孩子——一个有感情、有需求的个体。

当你看见了孩子在学习中的点滴细微改变时，孩子内心坚硬的壳就会一点点融化。就像剥洋葱一样，一层一层剥开冰冷的外壳，你会发现一个真实的人。只有你发现了这个真实的人，才能理解他厌学背后的原因。

建立亲切、温暖的形象

很多孩子说："我妈妈就是个面具脸，没有任何表情。"家长需要在孩子心中埋下亲切、温暖、友善和爱的种子。你可以批评他，但教育孩子的前提在于你讲的东西他愿意听。

成为孩子的合作伙伴

家长要做孩子的合作伙伴，成为问题的协助解决者。这样的家长，孩子自然愿意多沟通，因为你能帮他解决问题。如果你只会吼他，或者只提一些泛泛的建议，孩子就会不愿意与你交流。

通过这些方式，家长可以更好地与孩子进行沟通，帮助他克服厌学情绪，重新找到学习的乐趣和动力。

三五沟通法的应用

当孩子不愿意学习时，家长可以使用三五沟通法来进行有效的沟通。以下是具体的操作步骤。

第一阶段：启动积极情绪，建立良好的沟通关系

在这一阶段，家长需要在孩子情绪好的时候开始沟通，这样更容易建立良好的沟通氛围。以下是一些适合开启沟通的场景。

送孩子一个他喜欢的小礼物。例如，送孩子一本他喜欢的漫画书，或者一个小玩具。

周末从游乐场玩乐回来的路上。在愉快的活动后，孩子心情较好，更容易开启沟通。

夸奖孩子的某个优点。例如，夸奖孩子在某件事情上表现得很好，让他感到被认可。

带孩子吃美食大餐。在轻松的用餐氛围中，孩子更容易放松心情，进行沟通。

第二阶段：达成需求上的共识

在这一阶段，家长需要明确双方的需求，界定沟通的边界，达成需求上的共识。以下是一些具体的做法。

家长可以先表达自己的需求，例如："妈妈希望你能更好地投入到学习中，因为学习对你的未来很重要。"同时，也要听取孩子的需求，例如："你不喜欢被强迫学习，你需要一些自由时间。"

　　家长要避免在沟通中跑题，不要将沟通的内容变成对孩子的指责或对未来的担忧。要明确本次沟通的具体问题，例如："我们今天只谈你对学习的态度和我们可以怎样一起改善。"

第三阶段：制定指向未来的解决方案

　　在达成基本共识后，家长需要和孩子一起制定未来的行动方案，避免翻旧账。以下是一些具体的建议。

　　制定休息时间。如果孩子希望每周有固定的休息时间，家长可以和孩子一起商量，制定一个合理的休息时间表。

　　减少干涉。如果孩子不喜欢家长过多干涉学习，家长可以在关键时刻提供帮助，但日常的学习让孩子自主安排。

　　解决具体问题。例如，如果孩子觉得某个科目很难，可以考虑请家教或者和老师沟通，找到更有效的学习方法。

本章要点总结

■ **孩子不愿意学习的原因分析**

讨厌学习带来的糟糕体验。
讨厌学习的环境。
讨厌学习带来的人际关系问题。

■ **家长处理的两大原则**

原则1：理解厌学情绪的复杂性。
原则2：处理厌学的三个主要结构：糟糕的学习体验＋缺乏存在感＋缺乏成就感。

■ **沟通技巧解析**

概念化表达。
情感共鸣。
积极反馈。

■ **家长如何沟通，让孩子愿意学习**

关注细节，给予具体表扬。
理解孩子的情绪。
与孩子一起解决问题，建立信任。

■ **沟通时的注意事项**

针对孩子，以人为中心进行沟通。
看见和肯定孩子。
建立亲切、温暖的形象。

成为孩子的合作伙伴。

■ 三五沟通法的应用

第一阶段：启动积极情绪，建立良好的沟通关系。

第二阶段：达成需求上的共识。

第三阶段：制定指向未来的解决方案。

第 8 章

孩子做题总是
粗心大意，
你该怎么沟通

粗心大意是孩子在写作业和考试过程中一个常见的坏习惯。这个习惯不仅会导致考试丢分，还会影响孩子的整体成绩和学习的进步。

在前面的章节中，我们强调过针对孩子的各种具体的习惯问题，家长需要对问题进行概念化的界定。透过现象看本质，找到问题的核心和双方的需求。

当孩子做题粗心大意时，家长在沟通过程中最容易与孩子产生冲突的有两个方面。首先，双方对于为什么会出现粗心大意这一行为的理解存在差异。其次，双方对于如何解决粗心大意的问题可能无法达成一致。

孩子做题粗心大意的原因分析

做题总是粗心大意不是态度问题，也不是孩子故意在考试中马虎大意。粗心大意是一种学习习惯问题，是孩子养成的一种特定的审题和做题的习惯。在真实的写作业和考试场景中，孩子会按照这种习惯持续地表现出粗心大意的行为。因此，要解决粗心大意的问题，仅仅依靠训斥、教育、监督或陪孩子写作业不能从根本上解决问题。更重要的是，在沟通层面上，需要按照习惯的规律来帮助孩子克服这个坏习惯。

从两个方面确认孩子做题粗心大意的原因

在与孩子沟通之前，需要从两个方面确认孩子做题粗心大意的原因：人的因素、行为因素。

找出人的因素

首先，要从人的因素方面来排查孩子做题粗心大意的原因。或许是有其他事情导致孩子分心，比如家长经常打扰他。或许是家长的批评导致孩子情绪低落，长期心不在焉，从而出错。在这些因素的影响下，孩子可能会养成写作业时粗心大意的坏习惯。例如，将草稿纸上的计算结果抄写到作业本上时出错等。这些因素需要逐一排查，家长应尽可能在沟通前收集更多信息，了解孩子做错题的主要原因。

找出行为因素

其次，需要找出孩子写作业时的行为特征，做好更多的信息收集工作。粗心大意是一个主观、笼统的概念，需要具体的行为来确认。为了准确描述孩子在具体做题过程中的行为及其背后的原因，可以使用一个方法。

例如，孩子在写数学作业时总是粗心大意，可以让孩子连续做 5 道题，让他在草稿纸上写下思考过程，同时把它大声念出来并进行录音。比对他写下的和念出的内容，分析孩子是不会做题还是粗心大意。如果脑子里想的和写下的不一致，说明思考过程是对的，但抄写时出错；如果一致，可能是知识点掌握不牢。

在收集孩子的行为习惯方面的信息时，可以通过以下几个方面来验证孩子做作业粗心大意的行为伴随的线索，从而找到引发孩子粗心大意的自动化行为的环境线索：确认在什么时间，什么环境下，什么学习任务中、有什么人参与时，孩子特别容易出现粗心大意的情况。例如，有些家长发现每当家里来客人时，孩子写作业就会经常出错。客厅的聊天声让孩子心不在焉，特别容易做错题。这些就是行为因素，未来解决问题的重点是清除这些阻碍孩子认真写作业的因素。

在沟通前确认双方的需求

需要对孩子与家长双方的需求进行确认。家长的需求可能比较简单，就是希望孩子把题目做对，但孩子的需求你是否了解？很多时候正是因为双方的需求不一致，导致很多习惯方面的问题解决起来很困难。

你首先要考虑以下几个问题：你是否专门考虑过孩子和你双方的需求是什么？孩子如果听你的，他能得到什么？你给孩子的建议，他是否认同？从孩子的视角去看看，你的建议对他有什么好处，能让他有什么进步？你的建议有什么可以改善的地方？如果不提前考虑清楚这些，这就不会成为一次成功的沟通，而仅仅变成了一次情绪的宣泄。

家长处理孩子做题粗心大意的三原则

在解决孩子做题总是粗心大意的问题时，家长需要遵循以下三个原则。

1. 弄清楚题目做错是粗心大意还是知识点学得不牢固

解决孩子做题粗心大意问题的前提是找到造成问题的真正原因。要明确这确实是因为粗心大意，而不是因为知识点没有掌握好造成的。根据我们的经验，在家长提到的孩子做题总是粗心大意的情况中，至少一半是因为孩子对知识点掌握不牢固造成的，而不是因为粗心大意。就像交通事故并不总是由司机的粗心大意导致的，有时是因为司机对路况不熟悉或者司机的驾驶技术不够熟练。

2. 聚焦于如何解决粗心大意的问题，而不是抱怨孩子的学习态度

家长在解决孩子做作业粗心大意的问题时，应该以顾问的身份帮助孩子找到做题过程中容易出错的环节，或以家长的身份鼓励孩子，相信他们可以改变。聚焦如何解决问题需要提供具体的方法，而不是仅仅抱怨或训斥孩子。家长应帮助孩子结构化地审查做题过程，将粗心大意的问题具体化，落实到具体的行为上，而不是笼统地指责孩子的学习态度或缺点。

孩子可能不愿意承认自己粗心大意，但当你指出具体的错误，比如小数点弄错了，数字看错了，逻辑关系搞错了，孩子会知道你说的有道理，并理解接下来需要改正的方向和要点。因此，沟通时家长应基于这些具体的问题提供解决方案，而不是简单地训斥孩子粗心大意。

3. 学会对事不对人

　　与孩子一起聚焦于做错的题目，把沟通的重点放在做错的题目上，对事不对人，这一点特别重要。家长需要避免翻旧账，不要老是提过去孩子总是粗心大意的事情，这样只会强化孩子对自己是个粗心大意的人的认知。一旦孩子认为粗心大意是自己稳定的缺点，就很难改变。

实例讲解

　　我们来看一个实际的例子。小娟是一个在上小学四年级的孩子，最近她的妈妈发现小娟在写作业时经常看错题目，几次考试都因为同样的问题而丢分，真是特别可惜。小娟的妈妈非常着急。虽然着急，但她没有指责孩子，而是决定和小娟约个时间一起复盘，聊聊关于考试时粗心大意的问题。

步骤 1：建立沟通关系，启动有效沟通

　　小娟妈妈知道训斥没有太多价值，于是她对孩子说："妈妈跟你玩一个侦探游戏，我们来看看是谁在考试过程中'偷走了'我们的分数，导致你看错题目？当然，妈妈知道你不想看错题目，这不是你的错，肯定是哪里出了问题。"

解析：

　　第一，强调看错题目不是孩子故意的，这不是孩子的错。这让双方的沟通没有负担，明确沟通是以解决问题为目的，而不是责备孩子。这样可以让双方情绪平和地面对问题，继续开展沟通。

　　第二，用游戏化的方式进行沟通，让过程更有趣。

　　小娟妈妈的这个话题开启方式构建了良好的沟通关系，让接下来的沟通变得轻松有效。

步骤2：聚焦做题过程进行点对点的复盘，找到问题所在

接下来，小娟妈妈从书包里拿出试卷，让孩子把那些因为看错而失误的题目再做一遍。这个过程要高度还原考试的全过程。同时，要确保沟通氛围轻松，不让气氛变得太压抑。压抑的气氛会给孩子带来压力，影响他的短时记忆。

小娟妈妈说了一句特别重要的话："我知道让你重新想这些做错的题目，重新体验这些失误的过程，你可能会觉得不舒服，有压力。但妈妈的本意不是让你证明你错了，而是我们需要发现问题，找到是谁'偷走了'你的分数，这样妈妈才能和你一起商量如何解决这些问题。"

解析：

在这个步骤中，最重要的是鼓励孩子还原做题过程中的全部信息和流程，双方一起主动找到问题所在。

小娟妈妈接着说："因为妈妈无法替代你做作业、考试，所以恳请你带着妈妈一起还原这个过程，找到问题。"

这句话的高明之处在于不去指责对错，而是指向我们接下来要一起解决的问题，并给出了理由。孩子会觉得有道理，因为妈妈无法替代她做作业，所以妈妈无法独自找到答案。小娟妈妈主动示弱，让孩子有自主空间和足够的理由进行后续沟通。

接下来，小娟把考试和做题过程全部真实地还原了一遍。最终发现，在把答案从草稿纸上抄到作业本上时看错了小数

点。这已经发生过很多次了，所以不解决这个问题，小娟以后可能还会在考试中丢分。

步骤 3：点对点商量解决问题的行动方案

小娟妈妈非常高兴地对小娟说："还得你出马，这次破案了，就是小数点抄错了。你白白做了这么多作业，听了这么多课，成绩没拿到。现在我们找到了问题所在。我们一起来商量，看看以后有什么方法能解决这个问题。虽然妈妈暂时没找到太好的办法，但我们已经有了巨大的收获，就是发现了不是因为你不会做题，而是因为小数点抄错了你才丢分。我们想想办法，几天后再约个时间一起讨论，我们比一比谁的办法更管用。"

解析：

小娟妈妈太有智慧了，一般的家长会把小数点抄错这件事看得比天大，直接训斥孩子。其实一写作业就闹得鸡飞狗跳，除了让你情绪崩溃，让孩子感到烦躁、内疚和反感、抵触学习之外，对解决这个问题没有实质性帮助。在这里面小娟妈妈还用了一个特别重要的沟通技术——暂停的技术。因为讨论这些问题和困难，相当于剥开伤口给你看，其实孩子是很痛苦、很羞愧、很不愿意继续沟通的。在这个过程当中，如果有一个暂停阶段作为缓冲，沟通的效果就会好很多。

你看小娟妈妈把解决问题的过程分成了两次。第一次不谈如何解决问题，只跟孩子一起来发现问题。在这次谈话中，小娟妈妈提道："我们今天就到这，你回去好好想一想，妈妈也回去好好想一想。因为妈妈也没有找到一个太好的解决方法。但我们都可以先想想，两天之后咱们一起把各自想到的解决方案拿出来说一说，看看哪个人的方案更好，我们就按哪个方案去执行。"

这个暂停的技术给了双方一个深思熟虑的机会，也降低了接下来发生冲突、闹矛盾的可能性。我们很多的家长就是心太急，想着好不容易抓到这个机会聊一聊，我就要一次性把它聊透，不管你爱听不爱听。在沟通中，家长往往是反反复复地跟孩子讲道理，这反倒容易让孩子不接受你的观点和建议。"

步骤 4：建立新的行为习惯

接下来，小娟和妈妈一起讨论如何避免类似的错误。妈妈建议，可以通过以下方法改进：

分步骤完成：将每一个步骤明确地写在草稿纸上，完成一个步骤就打一个钩。

设定检查时间：在做题过程中，每隔一段时间就检查一次，确保没有因粗心大意而产生的错误。

重新检查：每次做完题后，小娟要重新检查一遍，特别注意小数点的位置。

小娟听完后表示理解，并且愿意尝试这些方法。妈妈鼓励她说："我们一起来试试这些方法，如果还有问题，我们再一起想办法解决。"

解析：

在这个步骤中，小娟妈妈成功地引导孩子建立新的行为习惯，而不是一味地批评或责备。通过具体的方法，小娟学会了如何在做题时避免粗心大意。建立新的行为习惯需要时间和耐心，家长和孩子需要共同努力。

步骤5：持续跟进和反馈

两天后，小娟和妈妈再次坐下来，复盘了这几天的做题情况。妈妈问小娟："你觉得这些方法怎么样？有没有帮助你避免因粗心大意而产生的错误？"小娟回答："有帮助，我觉得重新检查和分步骤完成的方法很好。"

妈妈表示赞赏，并鼓励小娟继续坚持这些方法。同时，妈妈也提醒小娟，如果遇到新的问题，随时可以和她一起讨论解决方案。

解析：

持续跟进和反馈是解决问题的重要环节。通过不断地复盘和调整，孩子不仅能改正粗心大意的习惯，还能学会如何面对和解决其他学习上的问题。家长在这个过程中要给予足够的鼓励和支持，让孩子感受到被理解和帮助的力量。

总结

通过这个案例，我们可以看到，小娟妈妈在面对孩子做题粗心大意的问题时，采用了科学有效的沟通和解决方法。她通过建立沟通关系，聚焦问题根源，制定行动方案，建立新的行为习惯，以及持续跟进和反馈，成功地帮助小娟解决了问题。

沟通时的要点

建立有效的沟通关系：不责备，情绪平和，游戏化的方式让沟通更轻松。

聚焦问题根源，点对点地进行复盘：通过还原做题过程，找到具体的问题所在。

共同制定行动方案：与孩子一起商量解决方案，让孩子感到被尊重和理解。

建立新的行为习惯：通过具体的方法和步骤，帮助孩子改正错误。

持续跟进和反馈：不断复盘和调整，给予孩子足够的鼓励和支持。

这些方法不仅适用于解决孩子做题粗心大意的问题，还可以应用到学习和生活中的其他各种问题上。通过科学的沟通和引导，家长可以帮助孩子更好地成长和进步。

如何与孩子沟通

在孩子粗心大意，做作业总是出错这件事情上，家长应该怎么沟通呢？

1. 了解问题的根源

在本书的基础知识篇中，我介绍了一个叫分歧处理器的工具，我觉得这个工具在处理类似问题时很好用。例如，孩子跟你讲："我又不是故意做错的。"你却觉得孩子就是粗心大意，这里就有一个分歧。沟通中就可以使用我们提到的分歧处理器这个工具。

你可以跟孩子说："妈妈肯定相信你不是故意的。我们不是在确认这是谁的错，而是一起想办法解决这个困难，好吗？"

这样做能够表达你的理解和支持，避免指责，让孩子感到被尊重和理解。

2. 聚焦问题而不是责备

孩子可能会说："我也审题了，但不知道怎么就看错了。"这时，你要把重点放在事情上，而不是人身上。

你可以说："如果你已经审题了还看错，那可能是审题的技巧出了问题。让我们一起来确认一下具体的做题流程，看看哪里出了问题，我们一起商量着解决。"

通过这种方式，你和孩子一起探讨问题，而不是单方面指责，孩子会更愿意参与到问题的解决过程中。

3. 对孩子表示理解和支持

你可以跟孩子说："如果是我每天做这么多题，眼睛也会看花，偶尔看错一些数字很正常。我们一起来想想，有什么方法可以避免这些错误。"

你可以建议孩子："我们可以每做五个题休息20秒，这样会不会好一点？"

这种方法不仅能缓解孩子的压力，还能让他明白你是在帮助他，而不是批评他。

4. 与孩子合作解决问题

你可以和孩子一起进行头脑风暴，找出更多的解决方法："这只是一个方法，你也可以想几个更好的方法，到时妈妈和你一起商量，好吗？"

通过这种合作的方式，孩子会觉得自己被重视，更加愿意和你一起解决问题。

三五沟通法的应用

为了更好地与孩子沟通，家长可以使用萧班的三五沟通法。这个方法可以帮助你在15分钟内有效地与孩子沟通，解决复杂的习惯问题。

第一阶段：启动积极情绪，建立良好的沟通关系

在破冰阶段，我们的主要目标是建立关系，创造一个适合沟通的环境。你需要确认双方的状态，启动愉悦的情绪，或至少让情绪保持平静。为了让孩子不那么警惕，避免让他们觉得你是来指责他们的，破冰阶段可以聊一些与沟通主题无关的轻松话题。比如："今天的作业写得还挺快的，妈妈有个好消息告诉你，我下午给你买了一盒巧克力，待会儿我们一起吃。对了，最近看了一个有趣的新闻，不知道你看了没有？"

这样可以让孩子放松，轻松地开始交流。很多家长忽略了这一点，直接进入正题，导致孩子产生抵触情绪。记住，破冰阶段是至关重要的。

第二阶段：达成需求上的共识

这个阶段的目标是确保双方的信息一致，并达成需求共

识。家长要懂得与孩子共情和求同存异。比如："今天工作时，我也不小心抄错了数字，差点挨骂。你看，我们俩遇到了同样的问题，你的作业也有类似的问题，你这几个地方的小数点也抄错了。我们一起来面对粗心这个小问题，看看有什么解决方案好吗？"

这样，孩子会感到你们在同一战线，共同面对问题，而不是被单方面指责。这种共情的方式能够更好地让孩子接受你的建议。

第三阶段：制定指向未来的解决方案

最后 5 分钟，我们需要制定解决方案。在这里，需要确认三个要点：确认彼此的需求，确认没有重大的分歧，确认方案的可行性。

比如："今天你特别棒，很认真地听我说。认真审题这些事儿讲起来容易，我知道做起来挺难的。妈妈也答应你，以后会像你一样，认真地帮你找你喜欢的零食和娱乐项目。其实题目做错了妈妈不怪你，我知道你很努力。下次如果有进步，妈妈会给你准备一些惊喜。接下来我们一起来商量，你看看为了不再看错题，我们具体能做些什么？妈妈先讲讲自己的想法和经验，你再来补充，我们一起找出解决方案，好吗？"

通过分三个阶段进行沟通，孩子会更容易跟随你的逻辑，循序渐进地解决问题。

本章要点总结

■ **孩子做题粗心大意的两大原因分析**

找出人的因素。
找出行为因素。

■ **在沟通前确认双方的需求。**

■ **家长处理孩子做题粗心大意的三原则**

原则1：弄清楚题目做错是粗心大意还是知识点学得不牢固。
原则2：聚焦于如何解决粗心大意的问题，而不是抱怨孩子的学习态度。
原则3：学会对事不对人。

■ **如何与孩子沟通做题时粗心大意的问题？**

了解问题的根源。
聚焦问题而不是责备。
对孩子表示理解和支持。
与孩子合作解决问题。

第9章

孩子学习时有畏难情绪，你该怎么沟通

你是否曾经因为孩子对学习有畏难情绪而感到无奈？

案例

"妈妈，我不想做这道数学题，太难了！"小明愁眉苦脸地看着他面前的作业。小明的妈妈发现他一遇到难题就会退缩，学习情绪低落。于是，她决定采取一种新的方法来应对这一挑战。每天晚上，她会和小明一起复习功课，耐心地解答他的疑问，并鼓励他说："学习是一点一点积累的过程，每解决一个难题，你就离成功更近了一步。"

经过一段时间的努力，小明不仅不再害怕难题，甚至开始主动挑战更难的题目。他变得更加自信，也对学习产生了浓厚的兴趣。看到小明的变化，妈妈由衷地感到欣慰和自豪。

在面对孩子学习中的畏难情绪时，家长的沟通和引导至关重要。通过理解孩子的内心感受，给予他们适当的支持和鼓励，您也可以帮助孩子克服学习中的困难，培养他们的学习兴趣和自信心。在本章中，我们将探讨孩子学习中畏难情绪产生的原因，探讨解决类似问题的基本原则，并且给出几种有效的沟通策略，让家长们更好地帮助孩子应对学习中的挑战。

孩子学习时有畏难情绪的原因分析

孩子在学习过程中常常出现畏难情绪，这种情绪并非一朝一夕产生的。让我们通过一个经典的心理学实验来理解这种情绪的产生机制。

实验中，研究人员将一只小狗放在一个实验箱中，并在门把手上设置了电极。小狗想要逃出去，每次推门时都会被电击，痛苦地在地上翻滚。几次之后，尽管小狗知道会被电击，但它还是会尝试推门，结果还是被电击。经过多次这样的尝试后，即使电极被拔掉，门被打开，小狗也不再尝试逃出去，而是绝望地蜷缩在角落里。这种现象模拟了孩子在学习上遇到困难和挫折后形成的畏难反应。

畏难情绪的形成可以分为三个阶段

1. 初期挫折阶段

孩子在学习上非常努力，但看不到效果，就像小狗每次尝试逃跑都被电击一样。这种持续的失败让孩子感到郁闷和受挫。

2. 加大努力阶段

孩子为了取得好成绩，加倍努力，希望看到改变。然而，继续努力后仍然没有效果，孩子的挫折感和绝望感进一步加深。

3. 对失败产生习惯性反应阶段

最终，每当孩子面对学习任务时，会自动联想到以往的失败经验，形成一种条件反射，认为自己即使再努力，也觉得不会有好结果，产生习惯性的畏难情绪。

畏难情绪的情感成分

从心理学角度看，孩子的畏难情绪包含了以下三种主要情感成分：

恐惧感： 害怕再次经历学习中的挫折和失败，导致对学习本身的恐惧。

挫败感： 面对持续的失败，孩子会感到挫败、羞愧、迷茫和内疚，这是一种复杂的情感混合体。

失控感： 孩子会感到无力和失控，不知道如何改变现状。这种感觉类似于驾驶汽车下坡时刹车失灵的恐慌。

习惯性负面反应的教育策略

长期处于失败和挫折中的孩子，会逐渐对学习产生负面反应。这种反应并非偶然，而是一种自动化、习惯性的思维反应模式。孩子可能会认为自己天生不是学习的料，并且这种思维习惯根深蒂固。

家长在教育孩子时，不应仅仅关注孩子的学习态度，也要关注如何矫正这种畏难情绪。可以通过以下几步来消除这种习惯性的负面反应。

识别并消除诱因

找出导致孩子产生畏难情绪的根本原因，并尽可能消除这些诱因。

解绑线索和行为

改变孩子对学习任务的自动化负面反应，逐步解绑导致畏难情绪的线索和行为。

培养新习惯

运用前面讲述的习惯养成的基本规律，帮助孩子重新建立积极的学习习惯。

通过运用科学的方法和进行耐心的引导，家长可以帮助孩子克服畏难情绪，逐步培养积极的学习习惯。

畏难情绪处理的基本原则

处理孩子在学习上的畏难情绪，需要遵循以下几个基本原则。

原则一：了解孩子的真实想法

孩子畏惧学习的背后，往往隐藏着深层次的担忧和恐惧。作为家长，我们要了解孩子在学习过程中究竟在害怕什么，对什么感到失控。他们内心的呼救和求助常常表现为拒绝学习。家长越能深入理解孩子的需求和面临的挑战，越能有效地解决他们的畏难情绪。

原则二：重新设置学习目标和量化结果

　　如果孩子长期考试成绩不佳，那么，将成绩作为唯一目标会让他们感到巨大的压力并产生畏惧情绪。因此，家长需要帮孩子重新设置学习目标，将其分解为孩子可以实现的小目标。例如，不再单纯关注考试成绩，而是关注孩子在学习上的努力程度和具体行为。可以设定这样的目标：在三个月内，不看成绩，只关注孩子学习的时间长度和朗读英文单词的音量。重新设置目标，让孩子在当前的水平下能实现，由此帮助孩子逐步克服畏难情绪。

例如，家长与小明约定，每天在固定的时间复习数学，复习过程中要大声朗读题目和解题步骤。每次完成后，小明可以获得一个小奖励，如一次额外的休息时间或一个小玩具。通过一段时间的实践，小明逐渐对数学产生了兴趣，并且考试成绩也开始有所进步。

原则三：让孩子体验成功

传统教育理念认为"失败是成功之母"。对于成绩不佳的孩子来说，他们最不缺的就是失败。然而，频繁的失败并未转化为成功，反而会带来更多的痛苦。因此，家长需要颠覆传统理念，帮助孩子体验成功。通过调整学习目标，将其转换为孩子能够实现的目标。成功才是成功之母。要让孩子在学习中体验成功，建立自信心，并逐步克服畏难情绪。

案 例

小丽在英语学习方面一直没有自信，每次考试都不及格。家长决定不再单纯看成绩，而是关注小丽在课堂上的参与度和每天的背诵情况。家长与老师沟通，了解小丽的进步，并在每次小丽完成背诵任务后给予表扬和小奖励。经过一段时间，小丽发现自己能够记住更多的单词和句子，逐渐对英语产生了兴趣。在考试中，她取得了明显进步，逐渐建立了学习英语的信心。

通过理解孩子的真实想法，重新设定学习目标，让孩子体验成功，家长可以有效地帮助孩子克服学习中的畏难情绪。这些原则不仅能增强孩子的自信心，还能让他们逐步形成积极的学习习惯。我们希望每位家长都能通过这些方法，帮助孩子在学习道路上走得更远、更顺利。

与孩子沟通的心理技术

以上是处理孩子学习时的畏难情绪的原则，但是在实践中家长该怎么跟孩子沟通呢？很多家长经常讲"男子汉要勇敢，要重视你的问题，成绩这么差还这么多情绪"，这样的沟通对问题的解决是没有效果的。在此分享几个重要的沟通心理技术，帮助你与孩子进行沟通。

孩子在学习上有畏难情绪，
家长在沟通时可运用的心理技术

第一项心理技术：共情

共情意味着能够听到、感受到孩子畏难情绪背后的声音。比如，孩子说"成绩提高不了，学习太难了"，这背后蕴含着一种挣扎和不甘心，一种努力后却没有看到改变的失望情绪。作为家长，你需要理解孩子内心未说出口的情绪，并用这种共情搭建起沟通的桥梁。这能让孩子感受到你对他的理解和支持，从而愿意与你分享他真实的学习困难。

小杰觉得数学课太难，每次考试成绩都很低。他对父母说："我再怎么努力也没用，数学太难了。"父母通过共情技术回应道："我们知道你已经很努力了，看到你为了提高成绩付出了很多。也许现在的努力还没看到效果，但这并不代表你的努力没有价值。让我们一起找找原因，看哪里还需要改进。"通过这种共情的沟通方式，小杰感受到父母的理解和支持，愿意继续努力寻找解决办法。

第二项心理技术：重新定义困难

家长在沟通时要帮助孩子重新定义学习中的困难。告诉孩子，困难是局部的、暂时的、可以改变的。不要让孩子认为学习上的困难是全局性的、永久性的、不可改变的。通过这种认知调整，孩子会看到希望，觉得问题是可以解决的，从而增加努力的动力。

小丽每次英语考试都不及格，她觉得自己"不是学习的料"。父母告诉她："你的英语成绩暂时不好，但这并不代表你永远无法学好。我们可以从简单的单词开始，每天背几个，逐步提高。"这种调整认知的沟通方式让小丽看到了解决问题的希望，她觉得困难是局部的、暂时的，并愿意为此付出努力。

第三项心理技术：将不良后果具象化

孩子在学习上的担忧和恐惧往往来源于对结果的不确定。如果孩子考砸了，他不知道会发生什么。这种不确定性会放大他的担忧和恐惧。因此，家长要明确告知孩子，如果学习上遇到挫折，会有怎样的后果，并给出具体的处理方案。这种具体的沟通可以减少孩子的焦虑，让他安心面对学习中的挑战。

案 例

小强对每次考试都非常紧张，害怕考不好。父母告诉他："无论考试结果如何，我们都会支持你。如果成绩不理想，我们会一起分析原因，找出改进的方法。我们不会责备你，只会和你一起努力。"通过这种具体的沟通，小强知道即使失败也不会有严重的后果，从而减轻了对考试的恐惧，能够更加冷静地面对考试。

总结

通过运用共情、重新定义困难、将不良后果具象化等心理技术，家长可以有效帮助孩子克服学习中的畏难情绪。这些技术不仅能增强孩子的自信心，还能让他们逐步形成积极的学习习惯。我们希望每位家长都能通过这些方法，帮助孩子在学习道路上走得更远，更顺利。

应对孩子畏难情绪的工具：需求共识器

当孩子在学习上产生了畏难情绪时，家长可以使用"需求共识器"这一工具进行有效的沟通。需求共识器的核心在于通过共情、认知调整和明确责任，帮助孩子克服学习中的困难。

第一步：达成共识

在沟通过程中，无论面对什么样的问题，都要在双方的需求上达成共识。

> **案 例**
>
> 小明在做数学题时感到有困难，妈妈发现后没有立即批评他，而是与他沟通："宝贝，是不是妈妈刚才讲题目时没有讲明白？你能再听我给你讲一遍吗？我们一起弄明白题目是什么意思，好吗？"通过这种沟通，小明感受到了妈妈的支持和理解，消除了对学习的恐惧，愿意再试一次。

第二步：明确问题和责任

在了解孩子产生畏难情绪的原因时，家长可以通过沟通帮助孩子明确问题和责任，去掉顾虑。例如，当孩子因为看错题目而感到内疚时，可以告诉他："因为看错题了，审错题了，丢分确实有点可惜。你当然也不想看错题目，这不是你的本意，咱们一起来核对一下整个做题的过程，看看问题出在哪里，接下来应该怎么办。"这种沟通方式可以帮助孩子明确学习中的问题，并且知道这些问题是可以得到解决的。

第三步：聚焦努力

　　为了消除孩子的畏难情绪，家长应聚焦于孩子的努力而不是成绩。这样可以改变孩子对学习的态度，提高学习效果。

　　通过需求共识器这一工具，家长可以更好地理解和支持孩子，帮助他克服学习中的畏难情绪，提高学习效果。

沟通时的三大主线

关系主线

亲子关系中有重要的三个元素——亲密感、信任感、价值感，要用这三个元素来加强亲子关系和推动沟通进程。

当孩子在学习上遇到困难时，可能会产生畏难情绪。这并不是孩子的态度问题，而是他真的在困难面前感到无力。作为家长，你可以与孩子站在同一阵线，理解他的困难，利用你们之间的亲密关系，帮助他一起克服这些挑战。

情绪主线

畏难情绪通常是孩子在反复尝试之后感到任务有难度、难以解决而产生的一种绝望和迷茫的情绪，会让孩子感到沮丧、焦虑、担忧，甚至痛苦、不甘和愤怒。这些情绪是非常复杂的。家长在沟通过程中要善于处理和引导这些负面情绪，给孩子提供情感支持和鼓励，这就是情绪主线，是沟通的重点。

认知主线

认知主线针对孩子的想法。家长需要让孩子明白，学不会并不是他的错。这需要反复沟通，多次确认，让孩子相信你真的是这么认为的。

每个人都会遇到困难，感到担忧是很正常的。因此，只要把握住这三大主线，你就掌握了与孩子沟通畏难情绪的整体结构。

分歧处理器：如何与孩子沟通学习中的畏难情绪

在与孩子沟通学习中的畏难情绪时，家长经常会遇到以下具体的分歧。这些分歧可能会引发冲突，但使用正确的沟通技巧，可以有效解决。

常见的具体分歧

分歧一：孩子觉得自己不是读书的料。

孩子说："妈妈，我不是读书的料。"

家长可能的反应："你怎么会不是读书的料呢？你只是没有努力。"

分歧二：孩子认为自己已经很努力了。

孩子说："我已经很努力了。"

家长可能的反应："你努力了为什么还做不好？"

分歧三：孩子质疑学习的意义。

孩子说："读书有什么用？"

家长可能的反应："读书当然有用，不读书你以后怎么办？"

分歧四：孩子感到学习让他非常烦躁。

孩子说："烦死了，我不想学了。"

家长可能的反应："怎么能不学呢？你得继续学下去。"

分歧处理器的沟通技巧

通过这些具体的例子，家长可以更加理解在与孩子沟通中的常见问题，并学习如何有效地处理这些分歧。

幽默回应

当孩子说"妈妈，我不是读书的料"时，你可以用幽默的方式回应："没有一粒米会说自己是做主食的料，那是因为它还缺少时间和火候。今天这几个题目不会做，这只是你遇到的暂时的几个困难，你不必否认自己全部的能力。你是不是读书的料，不是由这几个题目来决定的。"

肯定努力

当孩子说"我已经很努力了"时，你可以回应："我看到了你的努力，这才是最重要的。无论题目是否做对，你的努力才是最值得肯定的。"

解释学习的意义

当孩子质疑"读书有什么用"时，你可以说："学习的用处有时需要等到学会之后才能体会。等你学会了，我们再聊聊，看你的想法有没有变化。"

提供情感支持

当孩子说"我烦死了，不想学了"时，你可以回应："我看到你已经很努力了，但还是遇到了一些难题，这让你感到很不开心。这很正常，换作是我也会这样。我们先休息一下，吃点水果，或者换个科目，先放一放，别着急。"

分歧处理器的核心作用

我们使用分歧处理器，并不是为了让家长在沟通中能对答如流地回应孩子的所有问题，而是为了教会大家如何求同存异，如何教孩子带着问题继续前行。这是分歧处理器最重要的作用。

家长的支持和理解能够大大提高孩子的学习动力和毅力，帮助他们克服学习中的各种挑战。通过这些沟通技巧，我们可以帮助孩子缓解畏难情绪，让他们在面对学习困难时依然保持积极的态度和信心。

本章要点总结

■ 孩子学习有畏难情绪的原因分析

畏难情绪的形成过程
初期挫折阶段。
加大努力阶段。
对失败产生习惯性反应阶段。

畏难情绪的情感成分
恐惧感。
挫败感。
失控感。

习惯性负面反应的教育策略
识别并消除诱因。
解绑线索和行为。
培养新习惯。

■ 畏难情绪处理的基本原则

原则1：了解孩子的真实想法。

原则2：重新设置学习目标和量化结果。

原则3：让孩子体验成功。

■ 孩子在学习上有畏难情绪，家长可运用的三项心理技术

心理技术1：共情。

心理技术2：重新定义困难。

心理技术3：将不良后果具象化。

■ 应对孩子畏难情绪的工具：需求共识器

第一步：达成共识。

第二步：明确问题和责任。

第三步：聚焦努力。

■ 分歧处理器：如何与孩子沟通学习中的畏难情绪

常见的具体分歧

孩子觉得自己不是读书的料。

孩子认为自己已经很努力了。

孩子质疑学习的意义。

孩子感到学习让他非常烦躁。

分歧处理器的沟通技巧

幽默回应。

肯定努力。

解释学习的意义。

提供情感支持。

第 10 章

孩子考试考砸了，
你该怎么沟通

你曾经是否经历过孩子考试考砸的时刻？

成绩出来后，孩子垂头丧气地把试卷递给你，一个鲜红的低分刺痛了你的眼睛，你的心情也随之沉了下来，脑海里闪过各种念头：为什么会考得这么差？是不是学习方法不对？他是不是没有好好努力？每次孩子考试成绩不理想，你既感到失望，又不知道该如何开口。

作为一名心理学教授，我经常接到家长们的咨询，清楚地了解家长在孩子考试考砸时遇到的困惑和无助。

面对沮丧的孩子，不知如何安慰。

小明的妈妈告诉我，每次孩子考砸后，他都会一言不发地躲在房间里。她想安慰孩子，但总是不知道该说些什么，担心说错话会让孩子更加难过。

想要鼓励，却怕被误解为敷衍。

许多家长希望通过鼓励孩子，让他们重拾信心。但每次说

"下次一定会考好"时，孩子都会表现出不耐烦，甚至觉得父母在敷衍他们。

在提供建议时，常常引发争执。

有不少家长尝试给孩子提出一些学习建议，但孩子总是觉得父母在指责他们，结果沟通变成了争吵。每次建议都会引发争执，让家长们很无奈。

孩子对考试成绩的情绪反应过于强烈。

有些家长反映，孩子对考试成绩的情绪反应非常强烈，不仅仅是失落，甚至会自我否定，觉得自己很笨，没有未来。这种过度的情绪反应让家长们既心疼又担忧。

面对孩子考试考砸的情况，家长们需要掌握一些有效的沟通技巧，才能在孩子失落时提供真正的支持和帮助。在本章中，我们将探讨如何在孩子考砸时安慰他们，如何鼓励他们，如何提出建设性的建议，以及如何进行有效的沟通，帮助孩子从失败中找到前进的动力。

通过具体的案例和实用的方法，我希望帮助你学会在孩子考试考砸时与孩子进行积极、有效的沟通，帮助他们走出低谷，重拾信心。接下来，我们将分享一些切实可行的策略，让你在日常生活中更好地帮助孩子在学业上取得进步和促进孩子心理健康发展。

为什么考试后谈学习容易不欢而散

考试是重要的应激源

考试本身就是一个应激源，不管是考好还是考砸，都会引起孩子情绪的波动。因此，在考试后谈学习时，孩子容易情绪激动。

孩子长期处于应激状态

从备考、考试到成绩出来，在整个过程中孩子都处于应激状态。在这种状态下，心平气和地谈学习并不容易。

家长没有提供有效建议

如果家长只是不断地表达情绪和担忧，而没有提供有效的解决方案，孩子会觉得沟通没有价值。

分歧过大

家长和孩子在认知上的分歧过大会导致沟通困难。家长突然做出不符合实际的决定，会让孩子感到被攻击和不被理解。

家长不懂教育规律

家长不了解孩子的成长规律和学习规律，会让孩子觉得家长不懂自己，从而拒绝沟通。

孩子考砸后的心理分析

首先，我们需要了解考砸对孩子意味着什么。从心理学的角度来看，考试不理想是一个应激源。考试成绩不理想会让孩子产生不同的情绪反应。

预期较低导致的情绪反应

孩子在考试前就已经预感到可能会考得不好，在这种情况下，考砸带来的情绪主要是绝望、羞愧、压抑和痛苦。这些情绪源于孩子对自己表现的不满和预期中的失望。

预期较高导致的情绪反应

孩子觉得自己在考试中表现不错，但成绩却远低于预期。这种意外的巨大落差会引发茫然失措、惶恐、委屈和愤怒等情绪。这类情感反应不同于预期较低时的情绪，因为它们更多是源于意外和失望带来的心理冲击。

无论是哪种情况，考试成绩不理想都会对孩子的心理产生冲击并让孩子产生复杂的情绪反应。家长需要特别注意孩子在考试后的情绪变化，尤其是那些由考试结果引发的次生反应。例如，孩子可能会进行自我否认，可能会担心他人的眼光，也可能会担心来自父母和老师的不恰当评价，这些都会对孩子造成进一步的伤害。

孩子考砸后，家长需要特别关注的事项

观察孩子的初期情绪反应

孩子在考试成绩不理想时，会经历初期的情绪反应，如失望、绝望和羞愧等。这是孩子因对自己表现的不满和自我否认而产生的。

关注他人的反应对孩子的影响

考试成绩公布后，孩子还要面对来自他人（同学、老师、家长）的反应。如果这些反应不恰当，会对孩子的心理造成进一步的伤害。比如，父母的责备和老师的批评都会加剧孩子的负面情绪。

结合孩子以往的行为特点进行分析

家长应该参考孩子以往考试成绩不佳时的情绪和行为反应，观察他们是如何处理这些情况的。这些以往的行为可以帮助家长更好地理解孩子的心理状态，并制定更有效的应对策略。

孩子考砸了，家长到底应该如何处理呢

充分重视，及时处理孩子的负面情绪

家长要成为孩子负面情绪的容器。这是什么意思呢？就是孩子在感到不痛快、委屈、愤怒和害怕时，能够在你这里释放这些情绪。作为父母，你需要承载这些负面情绪，你的容器越大，孩子在经历考砸这样的事情时，受到的影响就会越小。这就是为什么在孩子考砸后，家长的情绪管理如此重要。

有些家长在孩子考砸后，比孩子的情绪反应还要大。孩子的情绪不仅没有得到调适，还要处理父母的情绪。父母的愤怒甚至可能压制或使孩子隐藏自然产生的负面情绪，这对孩子的身心健康都是不利的。所以，家长要学会处理孩子考砸后的负面情绪。

就事论事，不翻旧账

许多家长在孩子犯错误或考砸时，会把过去发生的类似的事情全都翻出来再讲一遍。家长想通过这种方式引起孩子的重视，但实际上，这只是在伤口上撒盐。当孩子做对了事情时，我们应该把过去他做对的一连串事情拿出来讲一遍，以强化他的信心和积极行为。但是，如果孩子考砸了，家长应该就事论事，只讨论这一次的问题，不翻旧账。这样，每一次失败都可以成为孩子成长的机会，而不是新的创伤。

指向未来，提出解决方案

家长在孩子考砸时，应该提出问题的解决方案，并引导孩子思考未来怎么做才能变得更好。在安慰孩子和帮助孩子解决问题时，家长要将沟通的重点聚焦在引导孩子思考和行动上，让孩子关注此时此刻的努力，以及未来的改进方法。

沟通要有用、有温度

孩子考砸后，家长在沟通时要注意，孩子在考砸后往往不愿意谈论学习，尤其是考试成绩。因此，家长在沟通时要让孩子感受到你是真正关心他，并且能够提出有用和有价值的建议。

家长的沟通要么是有用的，能够解决问题；要么是有温度的，能够表达爱和情感支持。这样孩子才愿意与你沟通。

孩子考砸了，家长与孩子沟通的基本策略

当孩子考砸后，家长的沟通策略至关重要。以下是一些基本策略，帮助家长更好地与孩子沟通。

选择合适的时机

沟通的时机非常重要。你在什么时间、什么条件、什么环境下与孩子沟通，比沟通的内容更重要。很多家长在拿到成绩单的瞬间就想要与孩子讨论考试失利的问题，这样很容易让孩子觉得你是在质问他。因此，沟通的时机比内容更重要。那么，什么时候才算一个好的沟通时机，请参照以下几个标准：

孩子的痛苦、愤怒情绪正在减弱。

孩子认为你对他是持理解和支持的态度的。

孩子需要帮助和解决问题，至少不反对与你沟通。

提供情感支持，比提供具体建议更重要

孩子在考砸后需要的是情感支持，而不是说教。对孩子而言，家长的包容、理解和鼓励是不可或缺的。这就是为什么有些家长文化水平不高，教育出的孩子却非常优秀，因为他们在情感支持方面做得非常好。

家长应该提供无条件的接纳和积极的关注，哪怕不懂教育理念，也要真诚地给予孩子情感上的支持。这比任何深刻的教育理念更有效。

聚焦未来，强调努力

家长应该聚焦未来，强调努力的重要性。不要总是反思过去的错误，而是要讨论未来怎么做才能变得更好。翻旧账只会让孩子感到挫败和有压力，聚焦未来和强调努力才能让孩子看到希望和改变的可能性。

努力程度是唯一短时间内可以改变的可控目标。无论是天赋还是成绩，都难以在短时间内迅速改变，但努力程度可以。因此，强调努力能够让孩子迅速发生改变。

孩子考砸了，家长与孩子沟通的具体操作流程

考试之后如何聊成绩

你应该了解与孩子考试相关的具体信息。注意，我们这里

讲的信息是客观的事实，不带有主观评价、主观情绪。家长要特别中立、客观地了解考试的具体信息和事实。在这个过程中，孩子会慢慢地聚焦于事实，以具体的数据信息为中心，与家长进行沟通。

例如，小明的妈妈在小明考试成绩不理想时，没有责备他，而是和他一起分析了考试中的具体问题，找到了复习中可以改进的地方。

同时，在沟通中，你要鼓励孩子表达他们的情绪，同时表达自己的观点。你和孩子要尝试在观念上达成一致，在情绪上处于同一个水平线。通过了解孩子对考试的态度，我们可以发现孩子目前的心理状态是满意的、沮丧的、失望的还是漠不关心的。家长也会有自己的态度和情绪，了解孩子的态度与情绪是否与家长一致，就能帮助我们了解双方在情绪、信息和观点上的差异。

你跟孩子的沟通应该指向未来，讨论如何变得更好，如何解决现实问题。很多家长与孩子沟通时是激情沟通，一看到孩子的成绩不理想，就气急败坏地问责。我们建议家长的沟通目的要指向未来，关注如何能够变得更好，如何解决现实的问题。这样才能使沟通围绕解决问题、改善未来展开。

考试之后，你跟孩子谈成绩的基本原则

原则 1：只谈客观事实，不提主观评价。

很多家长在考试后跟孩子聊成绩时的场景像秋后算账，甚至像审判大会。这对于孩子的学习调整是不利的。我们要养成一个习惯，只谈客观的信息与事实，不提主观的评价。这有助于孩子集中精力解决实际问题，而不是被情绪所左右。

原则 2：表达情感与需求。

家长在谈话中要学会表达情感，而不是宣泄情绪；表达需求，而不是一味指责；分享观点，而不是强硬命令。家长的情感和观点需要以一种友善和建设性的方式进行传达。

例如，小明的妈妈告诉他："妈妈理解你的失落，但我们一起找找原因，看看下次如何能做得更好。"

原则 3：扮演多重角色。

家长在与孩子谈学习时，需要扮演后勤保障者、教育顾问和情感支持者等多重角色。首先，家长要确保孩子有良好的学习环境和资源；其次，家长应以顾问的身份帮助孩子分析学习过程中的问题；最后，家长要以父母的身份为孩子提供无条件的情感支持。

原则 4：制订学习计划。

与孩子一起制订学习计划和目标，但要以孩子的节奏和状态为起点。共同商量解决问题的方法，并确保这些方法是可行的和具体的。

原则 5：将相信孩子作为谈话的开端。

谈话的开始要让孩子感受到信任和支持，沟通的内容应以解决问题和鼓励为主，谈话结束时要激发孩子对未来的希望，给予孩子祝福。

三五沟通法的应用

我们前面提到的三五沟通法是一种有效的沟通工具，可以帮助家长解决孩子考砸后如何沟通的问题。我们通过一个具体的例子来看看在实践中如何使用三五沟通法。

⊙ 案例分析：小丽的故事

小丽一直是班里的尖子生，成绩从未掉出过前五名。然而，进入初三后的第一次模拟考试，小丽却考砸了，成绩掉到了班里的二三十名。成绩公布后，小丽感到非常自责，把自己关在房间里，一天都不吃不喝。第二天，小丽终于让妈妈进了房间，并哭得特别厉害，对自己的能力、未来的成绩和前途产生了怀疑，担心自己能否顺利通过中考，能否考上好高中。

如果你是小丽的妈妈，你该如何与小丽沟通呢？以下是使用三五沟通法的具体步骤。

第一阶段：启动积极情绪，建立良好的沟通关系

建立情感联结

在进入小丽的房间时，不要急于谈论成绩。你可以说："小丽，妈妈看到你现在很难过，我也很心疼。我们先深呼吸几次，放松一下，好吗？"

表达关心和理解

让小丽知道你在乎的是她的情绪和感受，而不仅仅是成绩："我知道这次考试对你打击很大，但成绩并不能决定一切。妈妈更关心的是你的心情和健康。"

转移注意力

提供一些积极的活动来转移小丽的注意力，比如："小丽，快来看妈妈做了什么？你一天也没吃饭，饿不饿呀？你想吃啥呀？妈妈给你做点啊。"爸爸也可以参与进来："小丽不想吃就不着急，想打羽毛球吗？我陪你打打羽毛球。"

通过这些方式，强化亲子关系，让孩子感受到你对她的关心和支持，启动接下来的沟通。

第二阶段：达成需求上的共识

共情

理解和认同小丽的感受："我知道你这次考试不理想，心里一定很难过。妈妈也有些意外和紧张。"

探讨原因

和小丽一起分析这次考试失利的原因，但不要责备："妈妈不是在指责你，我们一起来看看可能的原因，好吗？首先，初二和初三的要求不同，可能你还不太适应。其次，最近天气变化大，你前段时间感冒了，身体状态也不好。"

分享自己的经历

通过讲述自己的失败经历，启发小丽进行思考："妈妈在工作中也会遇到失败的情况，我会分析原因，找到解决方法。我们一起想想，这次考试中有哪些可以改进的地方。"

第三阶段：制定指向未来的解决方案

提供解决方案

帮助小丽找到解决问题的方法："针对你这次考试中遇到的困难，我们可以一起制订一个复习计划。我们一步一步来，不要给自己太大压力。"

鼓励和支持

给予小丽信心和支持："你一直是个很努力的孩子，这次只是一个小小的挫折。妈妈相信你有能力克服这些困难，我们一起努力，好吗？"

展望未来

引导小丽思考未来的改进措施，而不是纠结于过去的失误："这次考试已经过去了，我们没有办法改变它，但未来的考试还有很多。我们可以一起制订一个改进计划，比如早起一小时复习，逐步提高学习效果。"

给予积极反馈

对小丽的想法和努力给予表扬："你说得太好了，关于早上起得比较晚，影响了一天的状态，这个问题我们可以解决。从明天开始，妈妈和你一起制订一个起床计划。"

通过以上步骤，家长可以有效地与孩子进行沟通，帮助孩子建立信心，找到解决问题的方法，帮助孩子在未来的学习中取得更好的成绩。

家长练习题

最后，我给各位家长留一个小作业：用三五沟通法和你的孩子进行一次关于某个学习目标的沟通实践。列出每个阶段的沟通要点和话术，形成一个完整的沟通解决方案，看看你是否掌握了这些技巧。

通过这次练习，你将更好地理解和应用三五沟通法，当你的孩子在面对学习压力时，你将能够更好地帮助孩子调整心态，找到解决问题的方法，迎接未来的挑战。

本章要点总结

■ 为什么考试后谈学习容易不欢而散

考试是重要的应激源：考试结果会引发孩子的情绪波动。

孩子长期处于应激状态：从备考到考试结果出来，孩子一直处于应激状态。

家长没有提供有效建议：沟通时家长表达的情绪和担忧多于具体的解决方案。

分歧过大：家长与孩子在认知上的分歧导致沟通困难。

家长不懂教育规律：家长不了解孩子的成长和学习规律。

■ 孩子考砸后的心理分析

预期较低导致的情绪反应：绝望、羞愧、压抑。

预期较高导致的情绪反应：茫然失措、惶恐、委屈和愤怒。

次生反应：自我否认，担心他人眼光，担心父母和老师的不恰当评价。

■ **孩子考砸后，家长处理的基本原则**

充分重视，及时处理孩子的负面情绪：家长要成为孩子负面情绪的容器。

就事论事，不翻旧账：只讨论这一次的问题，不翻过去的旧账。

指向未来，提出解决方案：引导孩子思考未来的改进方法。

沟通要有用、有温度：提供情感支持和有效的建议。

■ **孩子考砸了，家长沟通的基本策略和基本原则**

选择合适的时机：在孩子情绪平静、需要帮助时沟通。

提供情感支持：包容、理解和鼓励。

聚焦未来，强调努力：强调努力和改进方法，而非过去的错误。

只谈客观事实，不提主观评价：聚焦具体问题，不宣泄情绪。

表达情感与需求：传达关心和支持，而非指责。

扮演多重角色：后勤保障者、教育顾问和情感支持者。

制订学习计划：与孩子一起制订可行的学习计划。

将相信孩子作为谈话的开端：建立信任，给孩子希望和支持。

第 11 章

孩子成绩一直 上不去，你该 怎么沟通

案 例

"每次考试成绩公布时，我总是感到紧张不安。看到孩子试卷上的分数，我的心情跌入谷底。一次又一次的低分，让我陷入深深的无助和焦虑中。你是否也有过类似的经历？每次考试结果出来，你总是担心、失望，甚至感到无力。不管怎么努力，孩子的成绩似乎总是原地踏步。"

你是否因为孩子的成绩总是上不去而苦恼？

作为一名心理学教授，我经常接到家长们的咨询，他们常常分享一些有关孩子学习瓶颈方面的问题。这些真实的案例，让我更能理解家长们的困惑和焦虑。

很多家长提到，他们每次考试前都会陪孩子复习，孩子也很努力，但成绩总是没有显著提升。孩子学习时总显得心不在焉，注意力难以集中。无论是做题还是温习基础知识，效果都不如预期。

家长们常常困惑于孩子对学习毫无兴趣，做作业总是拖延，甚至在课堂上也无精打采。每次和孩子谈学习，他都会显得很烦躁，不愿意多说。即使尝试各种激励方法，孩子的学习态度依然没有改善。

家长们也常提到，每次考试成绩不理想，孩子的情绪都波动很大，感到失落、自卑，甚至对自己失去信心。看到孩子这样，家长们既心疼又无奈。不论怎样安慰和鼓励，孩子的自信心都难以恢复。

最重要的是，家长经常反映，孩子成绩上不去，自己跟孩子沟通时孩子也经常闹别扭。每次谈及学习，孩子总是显得不耐烦，亲子之间的沟通变得越来越困难。家长们想了解孩子的学习情况，但他总是避而不谈。每次交流总是演变成争执。

其实，成绩一直上不去，孩子也会很着急。而且时间久了，这会对他们的学习自信心、学习状态和接下来的学习表现有很大影响。如果孩子成绩一直上不去，你该怎么沟通？

关于如何有效地与孩子沟通成绩问题，你需要考虑三个要点：

分析孩子成绩一直上不去的原因。

掌握处理孩子成绩问题的原则。

掌握如何与孩子有效沟通解决成绩问题的方法。

在谈这些话题之前，我首先要强调一点：成绩一直上不去会对孩子造成一系列影响。

第一，影响心理健康。

孩子如果成绩一直上不去，首先影响到的是他的自尊。心理学认为，自尊是儿童青少年的心理骨架，失去自尊，人就容易产生破罐子破摔的态度。所以长期成绩不佳容易导致孩子自尊受损。特别是不恰当的沟通，如老师和家长的指责教育或同学们的嘲笑，会让孩子在学习上自尊心受损，进而影响整个心理状态，导致学习状态出现问题。

第二，学业遭受挫折。

成绩长期不佳相当于经常遭受学业上的打击，孩子每次努力后都无法获得积极的行为反馈，这会挫伤孩子的积极性。因此，成绩不佳的孩子通常学习状态较差。就像在工作中，家长如果反复努力但没有效果，也会感到沮丧，工作积极性会大打折扣。

第三，形成习惯性的防御态度。

成绩不佳的孩子为了减轻痛苦，常会产生防御性的想法，比如说"我不喜欢学习"。产生这种替代性的防御想法是为了掩饰学不好带来的恐惧和焦虑，用"我不爱学习"来掩盖真实的学习困难。虽然这种借口暂时能让孩子心里好受一点，但长期下来，会导致思维和行为上的习惯化，带来糟糕的学习表现。

孩子成绩一直上不去的原因分析

第一，基础知识掌握得不够扎实。

随着年级的升高，考题涉及的知识面越来越广，有些题目可能涉及多个知识点。如果孩子的基础知识不扎实，知识点之间的联系不够紧密，学习成绩自然会受影响。低年级时，知识点少且相对简单，孩子成绩提升较为明显。而高年级时，知识点多且复杂，知识间的关联也更多，如果基础不牢，成绩就难以提升。此外，孩子如果没有认真思考题目，也会导致成绩不佳。成绩不好的孩子常常在学习时浑浑噩噩，不知道如何提高成绩，不了解学习与成绩之间的因果关系。

第二，学习缺乏目标和规划。

一些孩子在学习上没有明确的目标和规划，整个学习过程显得混乱。要解决这一问题，家长可以帮助孩子聚焦可控的目标。对于成绩一直上不去的孩子，最重要、最可控的目标就是努力。它虽然看起来平常，但事实上效果非常好，因为努力是唯一可控的事情。在沟通时，也要聚焦在孩子是否拼尽全力上，而不是成绩是否进步，题目是否做对。只要孩子努力，学习状态就会有很大改善。

家长破解孩子学习成绩瓶颈的方法

第一，聚焦可控的目标。

成绩是不可控的，因为影响成绩的因素太多了，包括教学水平、学习环境、孩子对过去的知识掌握的牢固程度、孩子的努力程度等。要改变前几个因素难度相对较大，而努力程度是瞬间可以改变、即刻可以控制的。因此，聚焦努力是非常重要且有效的学习方法。

第二，将学习任务量化，将宏大的目标分解为小目标。

每天的学习任务要可控，把学习任务量化，就像在工作中将具体目标进行量化一样。将这些量化的目标逐个击破，可以使学习从量变到质变。因此，学习上的第二个处理原则是将学习任务量化，各个击破。

成绩的提升涉及多个方面，可以将其分解成一个个小目标，这些小目标可以通过一次次的努力来实现。比如，将期中考试的目标分解为 30 个甚至更多的小目标，逐一解决，确保至少30%～50% 的目标在这段时间内能够通过努力完成。每次成功完成某一目标后，重复成功的方法和经验，就能一步步走向成功。

第三，找到最近的 5 分。

找到提升成绩最有效的途径，先从容易提分的地方入手，让孩子尝到努力学习带来的进步，从而更好地改善学习状态。成绩提不上去有时是因为努力的方向不对，没有找到最容易发生改变的突破口。因此，提升成绩的一个有效的方法是找到最容易提高的 5 分，从这里开始努力。家长也要学会这个方法，与孩子沟通时，要基于"最近的 5 分在哪里"展开讨论，来分析如何提升学习成绩。

家长与孩子沟通成绩问题的四大原则

如果孩子的成绩一直上不去，家长应该怎么沟通呢？我们来总结一下沟通的原则，有以下几点。

第一个原则，肯定孩子的努力。

很多家长没有重视这一点，总是觉得成绩没有上升就应当"兴师问罪"，质问孩子为什么成绩这么差。其实你要把沟通的重点放在努力上，因为努力才是可控的。聚焦努力，这是沟通的关键。与孩子聊聊你过去取得成功的经验和例子，让他明白努力是如何带来成功的。

第二个原则，强化亲子关系。

要让孩子明白：成绩暂时不理想，是我们在学习上遇到的困难，妈妈会与你一起并肩作战，解决这些困难，战胜这些困难。家长可以通过强化合作关系、亲密关系来降低孩子因成绩不佳而产生的负罪感、内疚感。从心理健康的角度来看，孩子在儿童阶段、青少年阶段最不应该有的一个感受就是内疚感、负罪感，这对孩子的身心健康和成长非常不利。

第三个原则，强化孩子的自尊。

自尊是孩子的心理骨架，自尊强大了，孩子会认为自己可以战胜困难，只要努力，未来就会更好。这样的想法越坚定，孩子的自尊心就越强大，从而就越自信，也越有可能努力配合家长，继续改善。

第四个原则，从指责到合作。

不要指责孩子做得不好，成绩不佳，而是与孩子建立合作关系。不要带着问题去打败孩子，而是带着孩子去打败问题。

如果孩子拒绝谈学习，家长应该怎么沟通呢？

首先，拒绝谈学习的背后一定隐藏着一个原因，比如因成绩不佳而带来的痛苦、委屈、愤怒和不安。家长要替孩子把这些情绪和想法、顾虑表达出来，这叫作共情，即理解孩子面临的问题，感受他经历的情绪，表达他不愿意表达的内容，与孩子共同解决学习上的困难和问题，并加强亲子关系。要反复强调"妈妈跟你关系最好了，妈妈永远相信你，即使成绩暂时不好，我们也会一起面对"，直到孩子相信为止。

汉堡包沟通技术

我给大家讲一个汉堡包沟通技术，就是在跟孩子谈学习时，对话中要夹杂着孩子感兴趣的话题。就像汉堡包一样，你在与孩子聊学习成绩和提出建议后，可以再与孩子聊一个新的孩子感兴趣的话题。这样可以缓冲那些比较艰难的话题带来的不适，能够保证整个谈话过程中有 60% 的时间孩子是愉快的，让孩子愿意和你聊关于成绩的问题。

汉堡包沟通技术的原理

汉堡包沟通技术的原理在于通过启动孩子感兴趣的话题，提升孩子积极愉悦的情绪。这种方法可以让孩子具有更强的适应性，因为孩子在情绪愉悦的情况下，更能适应家长提到的学习等敏感话题。快乐的情绪能够缓解学习压力，帮助孩子更好地接受家长的建议和指导。

三五沟通法的应用

　　我们结合前面讲的三五沟通法，来给大家讲讲如果孩子的成绩一直上不去，我们应该怎么来沟通。

　　我举一个具体的例子给大家看看。

　　旺仔的期中考试成绩出来了，英语成绩惨不忍睹，旺仔的妈妈觉得必须引起重视，于是对旺仔的试卷进行了分析。通过分析试卷，旺仔妈妈发现孩子的语法基础特别差，所以旺仔妈妈制订了详细的英语语法集中突破学习计划。要求孩子每天集中学习语法半小时，然后通过测试来考查学习的效果。旺仔妈妈希望通过这个突击的方法，让旺仔的英语成绩突飞猛进。没想到突击学习了一个多月，旺仔不愿意继续学英语了，而且旺仔妈妈发现不仅英语成绩没有上去，孩子对其他学科的学习兴趣也完全没有了，每天都不愿意学习了。如果你是旺仔的妈妈，按照我们前面提供的方法，你觉得应该怎么跟旺仔沟通？孩子的成绩一直上不去，你该怎么说才会有效果呢？接下来我们一起看看怎么来解决这个问题。

　　还是用我们前面讲到的三五沟通法。三五沟通法即15分钟解决一个复杂的沟通话题，第一个5分钟是通过破冰来启动积极的情绪，强化你们的亲子关系。你可以跟孩子讲："妈妈看你回来就在书房里学习，那太好了，太自律了。我怎么有一个这么自律的孩子，妈妈得向你学习。来来来，你看我今天做了你最爱吃的可乐鸡翅，学习完了赶紧来尝尝妈妈的手艺，也给妈妈提一些建议。"这是在启动快乐的情绪。然后第二个5分钟是通过在需求方面达成共识来解决一些分歧。比如"这个可乐鸡翅，妈妈老想做好，但每次做得都不太满意，有的时候我做的时候还挺忐忑的，你说这该怎么办呢？你跟妈妈讲讲，你这个英语的学习过程，是不是跟我做可乐鸡翅也是一个道理？就想学会，但是反复学这个语法却不见成效，于是就不愿意做了。妈妈做菜也一样，我在做不好的时候也会不想接着做了，因为老觉得自己做不好，虽然也很努力，但妈妈想不明白到底怎么回事。你愿意跟妈妈聊聊吗？看看妈妈怎么可以帮你更好地提升成绩。"

最后一个5分钟是总结和提出接下来的解决方案。这是三五沟通法的最后一个阶段——第三个5分钟的阶段。这时，可以跟孩子说"我觉得其实你之前做得挺好的，妈妈可能太着急了"，你先给孩子卸下包袱，打消他的顾虑，告诉孩子这不是他的错，咱们一起来承担，"妈妈总想着赶紧把英语的语法补一补，可能还是太急躁了。"接下来表明"妈妈肯定是相信你的，你别着急，我们在学习上一起来找方法，我们调整调整学习方法，也去问问英语老师怎么提高成绩。另外，语法也是影响英语成绩的因素，也是英语学习的一部分。我们将单词的记忆、阅读理解等与语法交换着学，你不要每天只学最难的，这肯定容易崩溃。这样，我觉得你学起来就会更有趣"。这样的沟通能够让孩子重建自信，轻装上阵，鼓起勇气去解决问题。这样的沟通方式能够在孩子成绩一直上不去时让家长与孩子进行有效的沟通。

本章要点总结

■ **孩子成绩一直上不去的原因分析**

基础知识掌握得不够扎实。
学习缺乏目标和规划。

■ **家长破解孩子学习成绩瓶颈的方法**

聚焦可控的目标：努力而非成绩。
将学习任务量化，将宏大的目标分解为小目标
找到最近的 5 分：从最容易提分的地方开始

■ **家长与孩子沟通成绩问题的四大原则**

原则 1：肯定孩子的努力。
原则 2：强化亲子关系，降低内疚感。
原则 3：强化孩子的自尊，建立自信。
原则 4：从指责到合作，建立合作关系。

■ 汉堡包沟通技术

启动孩子感兴趣的话题。

提高孩子的适应性和愉悦情绪。

缓冲艰难话题带来的不适感。

第 12 章

孩子写作业太潦草，
你该怎么沟通

孩子写作业太潦草，家长该如何有效沟通呢？写作业的习惯其实是学习习惯的重要组成部分。写作业潦草不仅是一个糟糕的学习习惯，还会直接影响学习效果和考试成绩。例如，无论是语文、英语还是其他科目，答题太潦草都会影响得分。

孩子写作业太潦草是一个需要引起重视并急需矫正的坏习惯。那么，家长应该如何与孩子沟通以解决这个问题呢？今天我们就来探讨一些解决这一问题的策略。

案例分析：天天写作业太潦草

先来看一个案例。

天天的妈妈向我们咨询，她说天天写作业太潦草，反复提醒也没有效果。在家里，家长盯着他写作业时情况会好一些，但一会儿他又会忘记，字迹再次变得潦草。家长对此非常气恼，甚至有时会忍不住吼孩子。老师也提醒家长要管管天天写作业的习惯，不然考试时卷面分会被扣很多。

　　天天妈妈还说，每到节假日或者寒暑假，她都会给孩子报书法班。在书法课上，天天写的字还是蛮工整的。但回家一写作业就现出原形，她很苦恼，不知道该怎么办。

　　通常，天天妈妈会这样和孩子沟通："虽然你写的题目都是对的，但写得太潦草了，你看你这个字像蚯蚓一样。明天老师还得批评你，我跟你讲多少遍了，就是不改，真是烦死了。你再这样，全部重写。"

　　这种沟通方式不仅没有解决问题，反而会让孩子感到怨恨和委屈。孩子可能会觉得："我的答案都对，为什么还要挨骂？我没觉得潦草，这是你的看法，而且潦草的答案也不一定是错的答案。"

　　类似这样的沟通方式，对解决写作业潦草的问题是没有帮助的。那么，我们该如何有效地解决这个问题呢？我们可以从以下三个方面来入手：

　　1. 了解孩子写作业潦草究竟是什么原因造成的。分析原因，才能找到答案。

　　2. 学会类似问题的基本处理原则。

　　3. 从沟通的视角来看怎么与孩子沟通才最有效。

孩子写作业潦草的原因

让我们来分析一下孩子写作业潦草的原因。

孩子的想法

首先，从孩子的想法方面来看，他们在写作业时可能会怎么想？很多孩子可能不认为作业写得潦草有什么问题。他们可能觉得，写作业最重要的是写完，越快越好。也有很多孩子会觉得，只要题目做对了，潦草的答案也是正确的。因此，他们不觉得潦草会影响成绩和老师的评价。这时，我们需要帮助孩子认识到写作业潦草会有什么影响。

行为习惯

写作业潦草的孩子，不仅仅是在写作业这件事情上马虎，在生活中的其他方面也可能有类似的问题。例如，书包乱放、书桌凌乱、饭后不收拾碗筷等。这些行为和习惯是相通的。我们可以从习惯养成的角度来分析孩子的行为是否属于偶然现象。如果孩子平时写作业都很工整，只有这一次或几次特别潦草，那可能是偶然现象。我们需要分析原因并进行调整。可能是孩子那天心情不好，或者家里来了客人，导致孩子写作业时心不在焉。这些都是偶然因素，我们需要找出这些影响因素并进行改进。

情绪状态

孩子的情绪也会影响写作业的质量。在感到无聊、厌倦或状态不好时，孩子写作业可能会潦草。例如，如果孩子语文作业写得很工整，但数学作业写得特别潦草，我们就需要分析这到底是什么原因造成的。可能是题目太难导致孩子烦躁，或者是孩子与数学老师关系不好，甚至可能是写数学作业时孩子已经很累了。通过分析情绪因素，我们可以找到问题的根源。

环境影响

环境也是影响孩子写作业质量的重要因素。如果孩子每天写的作业都潦草，那可能这已成了他的一个习惯。我们需要找到诱发这个习惯的外在线索。例如，孩子在妈妈陪着写作业时写得比较工整，但独自写作业时就潦草；或者孩子写作业时想着赶紧写完去打游戏、看动画片，导致作业写得潦草；再比如家里来了客人，孩子心不在焉，也可能导致写作业潦草。通过找出这些由环境诱发的线索，并逐一消除，就有可能改变这个习惯。

通过以上分析，我们可以更好地了解孩子写作业潦草的原因，并采取相应的措施进行改善。

家长处理问题的基本原则

我们来看看家长解决这些问题的基本思路和原则。

原则 1：改变评价目标和策略

第一个原则是改变评价目标和策略。写作业潦草其实是一个主观的评价，很多孩子并不认同。你可能会对孩子说："你的作业写得太不工整了。"而孩子可能会回答："没有啊，我觉得挺工整的。"这时候，我们缺乏一个双方都接受的统一的、量化的标准，这就容易引发争论。

因此，我们需要设定一个更具体的目标和评价策略。可以设定一些具体的标准，与孩子达成一致后，用这些具体标准来评价他的作业。这样，孩子更容易接受并进行改进。

例如：

- 数字不能连在一起。
- 字迹要工整，不要歪斜。

拿着这些具体的标准和孩子一起比对作业，指出哪些地方需要改进。比如："你看这几道题，数字连在一起，老师很难看清你写的是什么。"这样，因为之前已讨论过这些规则，孩子更容易接受并愿意改正。

原则 2：提供正面示范

第二个原则是不要总是否定孩子，而是要给他一个正面的示范。在一个作业中，你要指出孩子哪里写得特别潦草，同时在作业中找到一个他写得工整的部分作为样板。

你可以这样说："这个部分写得很工整，很不错。"避免全盘否认他的作业，也不要拿其他孩子的作业做比较，这会让孩子感到不满和委屈。很多家长会让其他妈妈拍下她们的孩子写得特别工整的作业，然后拿来给自己的孩子做示范，说："你看，小明写得多么工整。"这种做法并不可取，因为孩子会觉得被比较，甚至会感到痛苦和生气。尤其是孩子的认知还不成熟，容易与家长产生误会，容易感到委屈。

你应该在他自己的作业中找出一个写得稍微过得去的部分，当作一个成功的样例。这样，孩子会觉得："妈妈至少还是在夸我。"他也会知道："我也能够写出工整的作业。"这样，有了一个典范，孩子就有了一个模板。

如果你觉得孩子的作业中没有一个字写得工整，可以与孩子一起努力创造一个典范。先不急着批评孩子，给他一点时间，让他尽全力写出一行最标准、最工整的作业。然后，先夸奖他，夸奖完之后把这段作业当作一个模板。

这里要注意，我们不是要求孩子像书法家一样写得非常唯美，而是要求孩子写得工整、规范、清晰。这样，作业才能达到标准，不因为写字潦草而丢分。

原则 3：使用代币奖励法

第三个建议是使用代币奖励法。行为的规范需要及时的奖赏和积极反馈。代币奖励法就是通过给孩子一些精神或者物质上的奖励，来规范他们的行为。可以在家里设立一个奖励系统，比如完成某项任务后可获得代币，这些代币可以用来兑换奖励。你可以设置一个抽奖箱，或者一些奖励券。不同的券可以赋予不同的分值，完成某个任务或达到某个标准，孩子就可以获得相应的券。

例如：

- 对照字帖练习 100 字，笔画正确，获得 7 个代币。
- 数学作业字迹清楚，没有扣分，获得 5 个代币。
- 整理书包，获得 3 个代币。

这些代币可以用来兑换不同的奖励，比如：

累积 10 个代币，可以自主娱乐 30 分钟，比如打游戏、吃零食、看动画片。

累积 20 个代币，可以观看电影。

奖励不一定要是物质上的，也可以是精神上的，比如：

累积 5 个代币，妈妈一天不唠叨。

累积 10 个代币，妈妈会给孩子写一封鼓励信，表扬他的进步和努力。

通过这些方式，可以帮助孩子知道哪些行为是值得肯定和能够被认可的，这样他们就会更愿意去做这些事情。

在设立这些规则时，要根据家庭的实际情况和对孩子的了解，设计合适的奖励。代币法不一定要用昂贵的物质奖励，很多家长担心这会变成"买着孩子学习"。事实上，这些奖励可以是物质的，也可以是精神的，比如夸奖或特别的活动。

三五沟通法的应用

　　我们用一个具体的案例来说明如何在实践中与孩子沟通。假设我们有一个叫天天的小朋友，他的妈妈发现天天写作业太潦草，骂也骂了，效果却不好。那么，我们应该怎么做呢？

　　我们可以使用三五沟通法来与孩子进行沟通，即每次沟通15分钟，分为三个阶段，每个阶段5分钟。

第一阶段：启动积极情绪，建立良好的沟通关系

　　在这个阶段，你要讲两到三个与写作业潦草完全无关但能增进亲子关系、促进孩子愉悦情绪的话题。比如："今天妈妈上班遇到一个特别搞笑的事儿，我跟你说说，你千万别告诉别人啊。"这样可以让孩子觉得你和他很亲近，放松下来，愉快起来。

　　接下来，可以说："天天，妈妈发现你今天写作业效率特别高，以前要40分钟，现在30分钟就写完了，你是怎么做到的？"让他先"得意"一下，让他发现妈妈看到了他的努力和优点。

第二阶段：达成需求上的共识

　　在这个阶段，要达成在需求上的共识并解决相关分歧。可

以说："我们在写作业这件事情上，要把作业写好，让努力不白费，让老师不扣分。"然后具体指出："如果你其他作业都像这几个字一样工整，你的作业一定能得高分。但如果太潦草，老师可能看不清，你自己也容易写错，从而丢分，太可惜了。"

第三阶段：制定指向未来的解决方案

最后一个阶段，达成关于未来行动的共识。比如，可以提出代币奖励法："妈妈有个好方法，我们一起制定一些写作业的规则，比如字迹端正、数字不连体。每次按这些标准完成任务，就给你一个代币，你可以攒起来换取奖励。这样，你的努力不白费，作业也工整了。"

通过这三个阶段的沟通，既可以解决问题，又表达了观点，还能减少冲突，让沟通变得更有效。

家长沟通的基本要点

聚焦未来，解决具体问题。不要纠结过去的问题，要关注未来如何改进。避免笼统的道德教育，注重具体问题的解决。

发现动机并正向激励。通过沟通发现孩子解决问题的动机和需求，给予正向激励。

呵护偶然的好表现。当孩子偶尔写得工整，要像呵护星星之火一样，鼓励这种好表现，使之常态化。

通过这些方法，家长可以更好地引导孩子，帮助他们养成良好的学习和生活习惯。

家长练习题

最后，给家长留一个作业：尝试用代币奖励法为孩子制定一套奖赏方案，量化具体行为并给予相应奖励。然后与孩子一起商量，看能否通过这些方法改善他们写作业时的习惯。

本章要点总结

■ **孩子写作业太潦草的原因**

孩子的想法：孩子可能认为写完作业比写工整更重要，不觉得潦草有什么问题。

行为习惯：写作业潦草可能是孩子整体生活习惯的一部分。

情绪状态：孩子在情绪不佳或疲倦时，写作业会更潦草。

环境影响：环境中的干扰或诱惑因素会导致孩子作业写得潦草。

■ 家长处理问题的基本原则

改变评价目标和策略：设定量化的评价标准。

提供正面示范：将孩子作业中写得好的部分作为正面示范，避免全盘否认。

使用代币奖励法：设立奖励系统，给予孩子及时的奖赏和积极反馈，规范行为。

■ 三五沟通法：家长如何与孩子沟通

第一阶段：启动积极情绪，构建良好的沟通关系。

　　与写作业潦草无关但能增进关系、促进孩子愉悦情绪的话题，放松心情。

第二阶段：达成需求上的共识。

　　明确双方需求，指出潦草作业的影响，达成一致。

第三阶段：制定指向未来的解决方案。

　　制定具体的行动方案，如代币奖励法，鼓励孩子改善写作习惯。

■ 家长沟通的基本要点

聚焦未来，解决具体问题。

发现动机并正向激励。

呵护偶然的好表现。

4

第四部分

第 13 章

孩子早上不愿意起床，你该怎么沟通

孩子早上不愿意按时起床的原因

小学和初中的孩子赖床的比例为 3%～4%。孩子不愿意起床，一方面是生活习惯的重要表现，另一方面它也影响着孩子一整天的学习节奏。更为重要的是，很多家长不知道怎么叫孩子起床，经常因为叫孩子起床这件事情跟孩子发生冲突，从而影响孩子跟家长的亲子关系。

很多家长跟我们聊，说他们家孩子有一个"再睡五分钟"的口头禅，每次早上叫孩子起床，小孩嘴巴上答应，但是迷迷糊糊地又睡着了。还有很多小孩说："五分钟，我再睡五分钟，妈妈我再睡五分钟。"五分钟又五分钟，一直到妈妈特别生气才起床，或者是因为马上就要迟到了而不得不起床。每天叫孩子起床对部分家长来说真的是一个折磨，每次都得折腾大半个小时。每天早上要么最后孩子生气，然后特别郁闷地起床，要么是家长自己生气，然后把孩子给吼起来，每天都这样周而复始，很多家长也感到很焦虑，不知道该怎么办。要解决这个问题，有什么小妙招呢？

孩子不起床这件事，你该怎么处理呢？一般要思考三个问题。第一，孩子不起床的原因是什么？第二，家长处理这件事时思考的基本原则和处理问题的基本方法。第三，你作为家长应该怎么说孩子才愿意听？怎么说沟通效果才最好？

孩子赖床的基本原因主要有四点

第一是孩子没有睡够，精气神不足。若是晚上睡得晚，孩子早上就不愿意起；或者整个的睡眠质量比较差，孩子早上也不愿意起；或者起床时环境太黑，孩子睡得昏昏沉沉的；或者被子太重，孩子睡得太舒服；或者孩子早上困意太重，还没有被唤醒到清醒的状态，所以不愿意起床。这些都是孩子的身体条件还没有达到起床的标准。很多网络成瘾的青少年，为什么早上基本上是起不来的？因为他们的整个生物钟被打乱了，每天晚上不睡，他们的身体在早上没有达到唤醒的状态，因此起不来，这是身体条件导致的赖床。

第二是孩子在观念上认为再睡一会儿也不会迟到。孩子可能想：我之前闹钟响了之后15分钟之内不起床，从来没有迟到过。或者甚至认为：迟到就迟到，迟到老师也不会怎么说，妈妈也不会怎么责怪我。就像酒驾一样，如果酒驾的代价不够严重、惩罚不够严厉，仅靠教育，很多人是不会引起重视的。孩子觉得他可以承受赖床的后果，所以他选择了继续赖床。

第三是起床的条件比较差。很多家长奇怪，起床还要条件吗？起床肯定是要条件的。从一个睡眠时舒服、温暖的状态，到离开被窝、离开卧室，身体感受上会有一些变化：温度的变化、环境的变化、舒适程度的变化。如果变化巨大且变化发生迅速，比如由温暖变得特别冷。例如南方的很多家庭没有暖气，到了冬天你要起床真的是非常困难的事。或者是起床之后房间还是比较黑，还是容易产生困意。所以有一些很简单的方法可以让孩子迅速起床，比如早上房间要足够亮，这对于孩子起床是有帮助的，因为它能唤醒孩子，让孩子切换到白天的状态。同样地，晚上睡觉时环境足够黑，孩子才能进入好的睡眠。以上这些都是与起床的条件相关的问题。评估一下你的孩子的卧室是不是特别适合睡觉？在他白天起床时你有没有给他创造足够好的起床条件？

第四是在起床的过程中，家长跟孩子的沟通出了问题。 孩子有时不是在赖床，他是在赌气。比如，他不喜欢你叫他起床时的语气、你对他的埋怨或者你说话时的某些内容。比如你在叫他起床时，孩子想再睡两分钟，你对他说"你怎么每天都这样？这么多年我天天叫你起床，你从来都没有按时起过"，孩子听着就不舒服。为什么？因为他想起某一天，家长没叫他，他也主动起床了。所以你说"永远都不按时起床"孩子会不服气：既然你这么说，我就破罐子破摔，我就继续睡，跟你赌气，跟你对着干。你看，这不是赖床的问题，这是情绪出了问题。

孩子赖床无外乎以上这四个原因。

孩子早上不愿意起床，家长处理的基本原则

我们拿着基本的方法论来处理这些问题，基本上不会出错，效果基本有保障。

第一个原则是不要孤立地去做"叫孩子起床"这一件事情，而是要把叫孩子起床、对孩子赖床的行为管理扩展到规律作息的整体工作里面去。什么意思呢？就是早上能不能把孩子叫起来，不是由早上起床这一刻决定的，而是要倒推到他睡前在干什么，他是什么时候睡觉的，他的睡眠情况怎么样，平时你跟他关于起床的约定沟通是怎样的，你对习惯的线索的处理怎么样，训练线索跟行为的绑定效果怎么样。所以你要把这件事情扩展到你对孩子的整体作息、规律的整体的训练和管理里面去。"叫孩子起床"不是一个孤立的事件，它是孩子整体规律作息的一部分，这是处理孩子不愿意起床问题的一个基本原则。

第二个原则是将起床的行为与孩子感兴趣的事情绑定在一起。起床后立即进行一些孩子感兴趣的活动，可以增加孩子起床的动力。例如，告诉孩子早上起床后可以去看他最喜欢的小动物，这样他就会更愿意起床。如果你只是叫孩子起床，说赶紧去上学了，上学这件事情能对他有多大的刺激，让他感到兴奋和期待？没有，那比温暖的被窝差远了，孩子是没兴趣立马发生改变，立即起床的。起床这件事情一定要跟起床后某个能让他兴奋、愉悦、期待的事绑定在一起——我叫你起床不是说马上叫你起床，而是要起来干个什么你喜欢的事。例如小朋友养的那个蚕宝宝，具体绑定什么需要家长考虑。你早上可以很兴奋地告诉孩子，说："宝贝赶紧起来，你看看咱们家养的蚕，它已经开始吐丝了。哎呀，太好了！"如果孩子平时就对蚕很感兴趣，那你睡前就可以跟他约定，说："明天早上妈妈一起来，就去帮你看看蚕宝宝有没有吐丝，如果吐丝了我就叫你过来看。这太神奇了！"一定要跟他特别感兴趣的事情绑定在一起，而不是"起床！赶紧！洗漱吃早餐！赶紧去读书了！赶紧去上学了！"。这对孩子来讲有什么兴奋的，这可能让孩子更不想起床了，多大的压力呀！要注意的是，熟睡中的孩子是很困的，要是打乱了他睡眠的节奏，孩子是有起床气的。所以一定要将他感兴趣的事情和起床行为绑定在一起，孩子才能迅速地度过起床时的那个困顿期，进入到接下来感兴趣的事情里去。

第三个原则是营造足够好的唤醒环境。拉开窗帘，让阳光进入房间，播放一些轻快的音乐，创造一个适合起床的环境。这样可以帮助孩子更快地从睡眠状态中清醒过来。睡觉的时候把窗帘拉上：温暖的被窝，安静的环境，特别有睡觉的氛围，能让孩子快速地进入睡眠。但起床的氛围很多家长没有注意，起床的氛围要足够好才能唤醒孩子。比如说先拉开窗帘，让阳光打进房间里面，要有音乐或者其他的声音，让孩子所处的环境能有一个不适合睡觉的氛围。

家长如何与孩子沟通赖床的问题

关于起床这件事情，家长到底该怎么沟通，有以下原则。

第一，你叫孩子起床的目的不仅是把他叫起来，而是要按好习惯养成的规律去培养孩子及时起床的好习惯。家长需要关注孩子的整体作息，确保他有规律的生活习惯。所以要按习惯养成的规律去做，先在环境中设置一个足够突出的起床线索，并将它与起床的行为绑定在一起，再通过高质量的行为重复，帮助孩子形成自发的良好的起床习惯。注意，家长叫孩子起床不是把他弄醒，而是要培养孩子良好的习惯，打持久战。

第二，家长要注意在沟通过程中孩子行为的变化、情绪的变化，这些受你与孩子沟通时的语气、语调和你的情绪影响。在叫孩子起床时，你所说的具体内容其实没那么重要，你的情绪是不是很愤怒，你是不是表现得很不耐烦，这会影响孩子起床的效果。

我们具体来看一看这些沟通原则在实际场景中的应用和注意事项。

第一，培养良好的起床习惯。你要对叫孩子起床的沟通做一个长线的规划，培养孩子良好的起床习惯。所以在白天的时候，你可以跟孩子沟通，设置起床的信号。你看在部队里面，军人们早上起床，他们为什么都能被迅速地唤醒？因为他们有起床的号角声，那个起床的号角就是信号，这种信号和军人们起床的条件反应形成了紧密的绑定。你能不能也找到一些孩子特别感兴趣的声音，做成叫孩子起床的铃声？或者在孩子高兴的时候，让他给自己录一段叫起自己起床的声音，把它做成铃声，有趣又有足够的唤醒度。设置有自动化行为反应的信号和线索，让线索跟行为紧密绑定，重复进行，这就是前面说的习惯的养成。

第二，注意沟通过程中的情绪管理。家长的情绪和语气对孩子的起床效果有很大影响。即使孩子赖床，家长也要保持耐心和温柔，而不是变得愤怒和不耐烦。要让小朋友从温暖的被窝里起来，别说孩子，大人也可能会有一些不舒服、不愉快。针对这种心理变化，你要给他一些补偿。很多家长认为早上按时起床是天经地义的：读书是学生的天职，早上不起床你当什么学生？这种教育不仅没有用，还可能适得其反。这时就需要家长人为地给孩子补充一些快乐情绪，替代起床的不爽。

第三，及时给孩子起床的行为一个小奖励。聪明的家长会在早上给孩子一些积极的情绪补给，这样能给孩子一些积极的情感，替代和一些补偿。比如，家长可以变得更有趣；早上给孩子一个小礼物；给孩子一些惊喜或者与孩子进行一些他期待的小活动。"磨刀不误砍柴工"，你哪怕花五分钟时间才把孩子哄好，但孩子的起床气被你的积极情感所替代，这是非常有价值的。为什么世上只有妈妈好？妈妈是最伟大的，其实就体现在这些日常生活中，妈妈总是能包容孩子的一些小小的胡闹，比如孩子的起床气。很多家长在孩子有起床气时，会生气地说"我叫你起床，你这么大脾气，我还给你做早餐呢，我到哪发脾气去？"所以积极的心态讲的是家长的心态，你多一点点耐心和乐观，孩子的这些问题处理起来其实没那么难。而且从小就培养孩子的健康心态和健康习惯，效果会更好。

三五沟通法的应用

我用我们提到的三五沟通法来做个示范，用 15 分钟解决一个问题，就是你每次沟通再复杂的问题，15 分钟就够了。

第一阶段：启动积极情绪，建立良好的沟通关系

这个阶段要构建沟通的基本条件，让双方的情绪处于一个正常的状态。在沟通时，要让孩子对父母有比较好的信任感、安全感、亲密感，让他对你做的这件事情有认同感。这"三感"的建设能让孩子愿意跟你沟通。在沟通的第一个 5 分钟，要插入一些与你沟通的主题完全没关系的孩子感兴趣的事，让他感到放松。启动愉快的情绪，这对你接下来的沟通特别有帮助。例如，早上在叫孩子起床时，你可以先讲一下那个蚕宝宝吐丝："快，赶快起来看"，如果小朋友对此特别感兴趣，他就会被唤醒。然后你可以跟孩子在床上闹一会儿，孩子很快就能清醒，会融入跟你的沟通里。

第二阶段：达成需求上的共识

你可以跟孩子讲："妈妈给你定一个 5 分钟的闹钟，然后妈妈待会儿就不叫你了，你自己安排好时间，5 分钟之内，你都可以起来。"这是什么意思呢？这意味着家长把起床的时间

从"叫你起床这一刻必须得起"变成了一段时间。而且我给你一个缓冲时间，这5分钟，你可以自由地支配，你什么时候起都可以，5分钟之后如果你没有起，妈妈再来帮助你。这给了孩子一个自由的空间，有了这么一小段时间，孩子觉得有一个缓冲期，因为从睡眠到清醒有个过程。如果在这个过程中孩子自己起来了，你一定要给他一个强烈的积极的反馈，这样可以强化孩子在你设定的时间内起床的行为。如果过了这个时间孩子没有起来，接下来你要主动去叫他起床。这时，你需要表现得温柔而坚定，就是：你必须起来，你可以闹，可以不高兴，但是必须起床。

第三阶段：制定指向未来的解决方案

你跟他沟通，未来我们要制定一个良好的作息准则，比如说晚上九点之前把作业做完，十点钟要上床，然后自己定好七点钟的闹钟，然后设置好奖励的方案。如果你每一个项都能按时做到，妈妈给你一个什么奖励。设置好习惯养成的线索，比如叫醒的卡片、音乐，这些都可以让孩子用他最喜欢的音乐、最喜欢的卡片去设置，也可以跟孩子商量叫他起床时的语言和语气，这些都可以让孩子参与进来。最后，把这些信息固化下来，那么这些环境线索就能跟起床的行为紧密绑定，孩子慢慢地就能养成良好的起床的习惯。前面讲过，一个好习惯的养成要不断地重复，至少60天左右，最长的可能需要8～9个月，一个好的习惯就能形成。好习惯形成的前提是环境线索和行为绑定得足够紧密，行为要足够简单且可重复。接下来就是每天简单地重复，把这件事情变成一段程序化的记忆，让孩子不再需要思考，仅依靠条件反射就能按时起床。以上是三五沟通法提供的一个样例，你可以根据孩子的实际情况来稍加调整，制定一个叫孩子起床的行动方案。

案例分析：小明的早起方案

下面我们来看一个具体的案例，以帮助家长理解如何应用这些原则。

小明的妈妈一直为孩子早上起床的问题感到困扰。每天早上，她都要叫好几遍，小明才勉强起床。于是，她决定试试我们讲的三五沟通法。第一步，她跟小明约定，每天早上起床后可以玩他最喜欢的积木，但前提是他必须在闹钟响后5分钟内起床。为了让小明更有动力，她还准备了一个小礼物，作为他按时起床一周的奖励。

早上，闹钟响了，小明还在赖床。妈妈没有生气，而是温柔地提醒："小明，积木在等你哦。"小明一听，立刻睁开了眼睛，虽然还有些困意，但他记得与妈妈的约定，慢慢爬起来了。妈妈看到他的表现，拥抱了他并给予了大大的表扬："你真棒！今天起床这么快。"

这个过程持续了一周，小明每次都能在5分钟内起床。妈妈给了他一个小礼物，小明开心极了。这不仅增强了小明的信心，也让他逐渐养成了良好的起床习惯。

总结

孩子早上不愿意起床是很多家长都会遇到的问题，但通过合理的沟通和科学的方法，我们可以帮助孩子逐步养成良好的起床习惯。关键是找到孩子赖床的原因，调整我们的沟通方式，并通过积极的反馈和奖励，逐步引导孩子养成健康的作息习惯。希望通过本章的内容，家长们能找到适合自己孩子的方法，轻松应对孩子早上不起床的难题。

本章要点总结

■ 孩子早上不愿意按时起床的原因

孩子没有睡够：晚睡、睡眠质量差、起床环境不适等。

孩子的观念：认为再睡一会儿不会迟到，能承受赖床后果。

起床条件差：温度变化大、房间黑暗等不适合起床的环境。

起床过程中的沟通问题：与家长的语气、内容有关，可能引发孩子赌气。

■ 孩子早上不愿意起床，家长处理的基本原则

原则 1：不要孤立地看待"叫孩子起床"这一件事，而是将其纳入孩子整体的规律作息的管理中。

原则 2：将起床行为与孩子感兴趣的事情绑定在一起。

原则 3：营造足够好的唤醒环境。

■ 家长如何与孩子沟通赖床的问题

沟通目标：培养良好的起床习惯，而非仅仅叫醒孩子。

情绪管理：注意语气、语调和情绪，避免愤怒和不耐烦。

正向反馈：及时给予孩子起床行为小奖励，替代起床的不爽情绪。

第 14 章

孩子不愿意刷牙，你该怎么沟通

　　小明的妈妈最近遇到了一个烦心事，她发现小明最近早上不刷牙了，连续好几天都这样。小明妈妈特意找他聊了几次，也没什么效果。小明说："每天拿一个刷子在嘴巴里面刷刷刷，牙齿那么小会刷坏的。"而且他还说每天早上用水漱口，一样能起到清洁作用。小明妈妈觉得很苦恼，不知道怎么跟孩子沟通，才能让小明养成按时刷牙的好习惯。遇到这类问题，如果是你的话，你会怎么办呢？

　　要解决刷牙习惯养成的问题，我们要从三个方面来思考。首先，我们得了解孩子不愿意刷牙的原因；其次，家长处理孩子刷牙行为的基本原则；最后，孩子不刷牙，父母到底怎么沟通才有效？从这三个方面层层递进，就能找到孩子不愿意刷牙，家长应对的具体方法。

孩子不愿意刷牙的原因分析

刷牙的行为分为两个阶段：一个阶段是没有养成习惯之前的行为阶段，另一个阶段是养成习惯之后的习惯阶段。在习惯养成的基础知识章节里，我们强调过行为和习惯的本质区别。行为靠督促、规则、兴趣来驱动；而习惯是一段程序化的、自动的行为反应。一旦养成习惯，刷牙就会变成自动进行的行为程序，不需要理由和思考。所以我们的重点是让刷牙行为转变成刷牙习惯。这是我们分析刷牙行为时需要明确的第一件事。

孩子不愿意刷牙，一般有四种主要原因。

刷牙体验不好。孩子觉得刷牙太无趣，有一堆泡沫，很不舒服，没有乐趣。

不认同刷牙的重要性。孩子觉得漱口也可以清洁口腔，不觉得刷牙多重要。

早上起床匆忙。孩子觉得早上时间紧张，没时间刷牙。

不喜欢家长唠叨。家长越唠叨，孩子越反感，故意对着干。

你可以根据自己孩子的情况比对一下上述原因，找出孩子不愿意刷牙的具体原因。

刷牙习惯养成的科学原理

在帮助孩子养成刷牙习惯的过程中，我们需要了解一些科学原理，这些原理可以帮助我们更好地理解和应用习惯养成的方法。

1. 习惯的形成过程

习惯的形成过程可以分为三个阶段：提示阶段、行为阶段和奖励阶段。提示阶段是指通过一些外部提示来引发行为，例如牙刷、牙膏和刷牙的时间。行为阶段是指实际进行刷牙的过程。奖励阶段是指刷牙完成后，给予孩子一些奖励或者积极的反馈。

2. 行为的自动化

当一个行为经过反复练习和重复之后，就会变成自动化的行为，不再需要通过思考来进行。刷牙习惯的养成也是如此。通过反复练习和重复，刷牙行为会变得自动化，孩子不再需要家长的提醒和督促，就会主动刷牙。

3. 奖励机制

奖励机制是习惯养成过程中非常重要的一部分。给予孩子奖励，可以增加孩子的积极性和动力，让他们更愿意进行刷牙行为。奖励可以是物质上的，例如小礼物、糖果等；也可以是精神上的，例如表扬和鼓励。

4. 环境因素

环境因素对习惯养成也有很大的影响。一个良好的环境可以帮助孩子更好地养成刷牙习惯。例如，一个干净整洁的洗漱台，可以让孩子更愿意进行刷牙行为；一支有趣的牙刷或牙膏，可以增加孩子的兴趣和积极性。

家长处理的原则

面对孩子不刷牙的问题，家长应该怎么处理才能效果更好？我们有几个基本原则供家长参考。

原则 1：将刷牙行为与有趣的事物绑定

养成刷牙的习惯分为三个阶段：刷牙前的线索驱动、刷牙过程的简单重复和刷牙后的积极反馈。刷牙前要有一个线索引发刷牙行为，例如一管好看的牙膏、一只可爱的牙刷，或者一个设计特别的洗漱台。同时，设置一个提示音，将线索与行为进行绑定。比如你可以将一个卡通声音设置为提示音："宝宝刷牙了，你真棒！"

刷牙过程要简单可重复，操作性强。然而，刷牙本身很无聊，所以你可以设计一些有趣的活动，让它们与刷牙行为并行发生。例如，家长可以在孩子刷牙时播放孩子喜欢的卡通故事，或者放一段他喜欢的音乐。这样，刷牙过程就变得不那么枯燥。

在孩子刷牙之后要有随机的奖励。时间累积型的奖励效果更好，比如连续刷牙七天有个大奖，每次刷牙有一个小奖励。你可以设置一个奖励机制，每次刷完牙给孩子一个福利券，累积到一定次数给个大奖。这样孩子对刷牙行为充满期待，能更好地重复刷牙行为。

原则 2：与孩子一起解决困难

不要把孩子不刷牙看作是他的缺点并进行数落，而是把它看作孩子遇到了一个困难。你要和孩子站在一起，去解决困难。了解孩子不喜欢刷牙的原因，去除这些障碍。例如孩子可能不喜欢牙膏的味道，或者觉得牙刷不舒服，这些都需要你和孩子一起商量解决。

原则 3：将刷牙行为与孩子喜欢的事物绑定

不要孤立地看待刷牙行为，而是要将刷牙与孩子喜欢的事物绑定成一个行为组合。例如，早上起来刷完牙后，可以让孩子去看他喜欢的小熊玩具，或者进行一个他感兴趣的小活动。这样，刷牙成为他感兴趣的活动的一部分，孩子就会更愿意完成刷牙行为。

孩子不愿意刷牙的其他原因及解决方法

除了上述提到的几个主要原因，孩子不刷牙还有一些其他可能的原因。家长需要了解这些原因，并采取相应的措施来帮助孩子养成良好的刷牙习惯。

1. 孩子觉得刷牙是任务

有些孩子不喜欢刷牙，是因为他们觉得刷牙是一个任务，而不是一件有趣的事情。家长可以通过设计一些有趣的活动，让刷牙变得更加有趣。例如，可以在刷牙的时候播放孩子喜欢的音乐，或者让孩子和家长一起比赛刷牙，看看谁刷得更干净。

2. 孩子觉得刷牙是负担

有些孩子不喜欢刷牙，是因为他们觉得刷牙是一个负担。家长可以通过设置奖励机制，让刷牙变得更加有吸引力。例如，可以设定一个刷牙奖励表，每次刷牙后，孩子可以在表上贴一个小贴纸，累积到一定数量的贴纸后，可以兑换一个小礼物。

孩子不愿意刷牙，家长该如何与孩子沟通

可以用三五沟通法解决孩子不愿意刷牙的问题。三五沟通法分三个阶段，每个阶段 5 分钟，总共用时 15 分钟以解决孩子不愿意刷牙的问题。

第一阶段：启动积极情绪，建立良好的沟通关系

在沟通的最初阶段，需要与孩子建立良好的沟通关系。例如，可以给孩子讲一个他感兴趣的故事。例如："小明，快来看妈妈给你买的新牙刷，是奥特曼的，特别棒！从今天开始，奥特曼将和你一起战斗，来打败这些牙齿上的细菌。"把刷牙编成一个有趣的故事，让孩子愿意听。

第二阶段：达成需求上的共识

沟通的第二阶段需要使亲子双方的需求达成一致。你可以跟孩子讲："你还记得小时候吗？妈妈跟你讲过牙齿大街的故事，牙刷就是在清洁牙齿的街道，里面有好多好多的细菌。你想一想，如果不刷牙，牙齿就会一天一天地坏掉。"通过这样的沟通，设定具体的刷牙目标，与孩子形成一个共识。

第三阶段：制定指向未来的解决方案

沟通的第三阶段的主要任务是制定指向未来的解决方案。

你可以跟孩子讲："从今天开始，妈妈跟你一起规划一下。每天早上我们起来后一起锻炼5分钟，然后刷牙，刷完牙后妈妈给你一个小惊喜。"把刷牙前后的活动固定下来，形成一个行为组合，这样刷牙就不需要理性分析，而是变成自动化的行为反应。

通过这样的沟通和计划，坚持重复两个月到半年，孩子就能养成良好的刷牙习惯。家长要记住，设计一整套触发刷牙行为的环境线索，把刷牙行为和环境线索紧密绑定，坚持重复训练，刷牙习惯就能自然形成。

最后，请各位家长做一个练习题。请和你的孩子商量保护牙齿的方法，教孩子掌握刷牙的基本技巧，和孩子约定半年检查一次牙齿，若是没有蛀牙，就给他一个奖励。这种将行为训练和奖励结合在一起的方法能让孩子快速养成刷牙的习惯。

案例分析：小明的刷牙习惯

回到这章最开始提出的问题，小明妈妈决定试试我们的三五沟通法。

第一步：启动积极情绪，建立良好的沟通关系

小明妈妈决定从小明喜欢的卡通人物入手。她给小明买了一支奥特曼的牙刷和一管草莓味的牙膏。早上，小明妈妈拿出新牙刷和牙膏，对小明说："小明，快来看妈妈给你买的新牙刷，是奥特曼的，特别棒！从今天开始，奥特曼将和你一起战斗，来打败这些牙齿上的细菌。"小明看到新牙刷和牙膏，立刻有了兴趣。他开心地拿起牙刷，迫不及待地开始刷牙。

第二步：达成需求上的共识

晚上，小明妈妈和小明坐下来聊了聊刷牙的事情。她说："小明，你还记得妈妈跟你讲过牙齿大街的故事吗？牙刷就是在清洁牙齿的街道，里面有好多好多的细菌。你想一想，如果没有刷牙的过程，牙齿就会一天一天地坏掉。"

小明点点头，表示明白了。小明妈妈接着说："从今天开始，我们每天早上起来后一起锻炼5分钟，然后刷牙，刷完牙

后妈妈给你一个小惊喜。"

　　小明听了很高兴，期待第二天早上的刷牙时间。

第三步：制定指向未来的解决方案

　　第二天早上，小明和妈妈一起起床，锻炼5分钟后，小明拿起他的奥特曼牙刷和草莓味牙膏，开心地刷起牙来。刷完牙后，小明妈妈给了他一个小奖励——一颗他最喜欢的糖果。

　　这个过程持续了一周，小明每天早上都能愉快地刷牙，刷完牙后妈妈都会给他一个小惊喜。通过这样的方式，小明逐渐养成了每天早上刷牙的好习惯。

刷牙习惯养成的具体步骤

设置固定的刷牙时间和流程：每天在固定的时间刷牙，并形成一个固定的流程。

找出适合的线索：使用固定的语言、故事角色或者口头禅，帮助孩子形成自动化的行为反应。

设立奖励计划：通过高密度的监督和随机奖励，增加孩子的刷牙动力。

绑定线索与行为：每天高密度地重复刷牙流程，帮助孩子形成稳定的习惯。

总结

通过合理的沟通和科学的方法，家长可以帮助孩子逐步养成良好的刷牙习惯。培养孩子的刷牙习惯关键在于了解孩子不愿意刷牙的原因，调整沟通方式，并通过积极的反馈和奖励，逐步引导孩子建立健康的生活习惯。希望通过本章的内容，家长们能够找到适合自己孩子的方法，轻松应对孩子不愿意刷牙的难题。

本章要点总结

■ **孩子不愿意刷牙的原因分析**

刷牙体验不好：孩子觉得刷牙不舒服，没有乐趣。

不认同刷牙的重要性： 孩子认为漱口也可以清洁口腔，不觉得刷牙重要。

早上起床匆忙： 孩子觉得早上时间紧张，没时间刷牙。

不喜欢家长唠叨： 家长越唠叨，孩子越反感，故意对着干。

■ 刷牙习惯养成的科学原理

习惯的形成过程：

　　提示阶段： 引发行为的外部提示。

　　行为阶段： 实际进行刷牙的过程。

　　奖励阶段： 刷牙完成后的奖励或积极反馈。

行为的自动化：

　　通过反复练习和重复，使刷牙行为自动化。

奖励机制：

　　通过奖励增加孩子的积极性和动力。

环境因素：

　　创建适合刷牙的环境，增加孩子的兴趣和积极性。

■ 家长处理问题的三大原则

原则 1：将刷牙行为与有趣的事物绑定

　　刷牙前： 设置有趣的线索，如可爱的牙刷、好看的牙膏。

　　刷牙过程： 播放孩子喜欢的音乐或卡通故事，使过程有趣。

　　刷牙后： 设置随机奖励，如小奖励或累积奖励。

原则 2：与孩子一起解决困难

　　理解孩子不喜欢刷牙的原因， 去除障碍，如调整牙膏味道或选择舒适的牙刷。

原则 3：将刷牙行为与孩子喜欢的事物绑定

　　刷牙后进行孩子感兴趣的活动， 使刷牙成为愉快活动的一部分。

■ 孩子不刷牙的更多原因及解决方法

认为刷牙是任务：可以设计有趣的活动，如比赛刷牙或播放音乐，使刷牙有趣。

认为刷牙是负担：可以设立奖励机制，增加刷牙的吸引力，如刷牙奖励表和小礼物。

第 15 章

孩子挑食，
你该怎么沟通

挑食在现代孩子中是一个普遍且严重的问题。通过数据分析，我们发现家长们对孩子挑食的反馈非常集中。那么，作为家长，你应该如何有效沟通，帮助孩子改掉挑食的习惯呢？

案 例

先来看一个案例。小美今年八岁，平时很乖巧，但几乎不吃任何蔬菜。小美的妈妈尝试了各种方法，效果却不佳。一天晚上，小美的妈妈特意做了两道蔬菜，放在小美面前，严肃地讲了很多吃蔬菜的好处，并要求她必须吃一些。小美非常不高兴，表示如果再逼她吃蔬菜，她以后再也不吃晚饭了。说完，小美赌气跑回了自己的房间。小美妈妈感到困惑，不知道该怎么办。如果你遇到这种情况，你会怎么处理呢？

要解决孩子挑食的问题，需要考虑以下三个方面：

孩子挑食的原因是什么？

家长处理挑食问题的基本原则是什么？

家长如何与孩子沟通挑食的问题？

孩子挑食的原因分析

从学术上讲，儿童青少年的挑食行为被定义为只吃自己喜欢的、熟悉的、有限类别的食物，而拒绝其他一系列食物的饮食行为。如果孩子只是不吃某一种特定的食物，不能称为挑食。但如果孩子只吃部分食物，而拒绝一系列其他食物，这就是挑食。挑食行为会导致营养不良，影响健康。

挑食的五大原因

1. 以往的喂养习惯

在孩子小的时候，为了让他们好好吃饭，家长可能只给孩子他们喜欢的食物。长此以往，孩子只愿意吃这些熟悉的食物，养成挑食的习惯。

> **案　例**
>
> 小明从小就喜欢吃炸鸡和薯条，每次家长为了让他多吃几口，就不停地给他这些他喜欢的食物。结果小明现在只吃炸鸡和薯条，其他食物都不碰。这就是小时候的喂养习惯导致的挑食。

2. 养育风格

有些家长在孩子不愿意吃某些食物时，会选择妥协，只要孩子不闹就行。这样的养育风格可能导致孩子在其他方面也会出现类似的问题，例如不愿意学习或过度玩手机。

> **案 例**
>
> 小丽不喜欢吃蔬菜，每次吃饭时，只要她不想吃，妈妈就不强迫她。时间久了，小丽不仅挑食，还变得对家长的话充耳不闻。这个问题其实源于家长在孩子挑食时的妥协态度。

3. 不愉快的进食经历

孩子可能在过去有过不愉快的进食经历。例如，有一次在餐厅吃蔬菜时发现了虫子，导致孩子从此不愿意吃蔬菜。或者在某次吃饭时，因不愿意吃某种食物被家长严厉训斥，孩子把怨恨归结于该食物，从此拒绝吃该食物。

> **案 例**
>
> 小华有一次在餐厅吃菠菜时，发现里面有一只虫子，他吓坏了。从那以后，他再也不吃任何绿色蔬菜。家长在处理孩子的挑食问题时，应该关注到孩子过去是否有过不愉快的进食经历。

4. 对食物的不合理信念

有些孩子对某些食物存在某些偏执的信念，例如认为吃肉会发胖，某些食物对身体有害等。这些信念可能来源于不科学的信息，需要家长帮助孩子调整观念。

案 例

小刚坚信吃甜食会让牙齿全部坏掉，所以拒绝吃任何含糖的食物。妈妈通过请教牙医和查阅资料，告诉小刚适量吃糖并正确刷牙不会导致牙齿问题。小刚逐渐放下了对糖的恐惧，开始享受甜点。

5. 就餐环境

就餐环境对孩子的饮食行为也有很大影响。如果每次吃饭时，家长都训斥孩子或夫妻之间发生争吵，孩子可能会讨厌与家长一起吃饭，选择草草吃两口就回到自己的房间。就餐环境的不和谐也可能导致孩子挑食。

案 例

每次吃饭时，小强的爸爸总是批评他的学习成绩，这让小强对吃饭充满了抗拒。他不愿意跟爸爸一起吃饭，甚至对饭菜也没有了兴趣。由此可见，和谐的就餐环境对孩子的饮食习惯有重要影响。

家长处理孩子挑食问题的基本原则

掌握了孩子挑食的基本概念和常见原因后，我们再来看看家长应如何处理孩子挑食的问题。以下是一些有效的基本原则：

处于幼儿园和小学阶段的孩子挑食的处理原则

对于幼儿园和小学阶段的孩子，家长可以参考以下四个基本原则。

原则1：增加就餐趣味

把就餐变成一个游戏或故事，使整个过程充满乐趣。可以将食物拟人化，编成一个故事，让孩子成为故事中的角色，与食物互动。例如，每一餐都讲一个关于食物的有趣故事，让孩子在故事情境中享受进餐。

案 例

小明的妈妈在晚餐时，给每道菜都编了一个故事，比如：西兰花变成了"小树精灵"，胡萝卜变成了"太阳小战士"，每一口都在给小明增加"魔法力量"。小明被故事吸引，吃饭时也变得积极主动。

原则2：提供替代选择

找到孩子特别讨厌吃的食物的替代品。例如，如果孩子不喜欢吃西兰花，可以试试丝瓜。带孩子一起去超市，让他们在蔬菜类别中挑选自己喜欢的蔬菜。给予孩子选择的权利，但确保他们至少选一种蔬菜。温柔而坚定地告诉孩子，蔬菜可以换，但不能没有。

　　小花不喜欢吃菠菜，但她喜欢吃黄瓜。于是，妈妈带她去超市，让她选择几种喜欢的蔬菜。小花挑了黄瓜、胡萝卜和甜椒，回家后妈妈把这些食材做了一道色彩鲜艳的沙拉，小花吃得很开心。

原则 3：改变烹饪方法

　　孩子可能不是不喜欢某种食物，而是不喜欢某种食物的烹饪方式。可以尝试不同的烹饪方法，例如西红柿可以做成汤或凉拌，而不仅仅是炒蛋。家长可以上网学习一些新的烹饪技巧，看看哪种做法更受孩子欢迎。

　　小刚不喜欢吃胡萝卜炒肉，但他喜欢喝汤。妈妈尝试做了胡萝卜鸡肉汤，结果小刚很喜欢，喝得津津有味。这让妈妈意识到，改变烹饪方式可以让孩子接受更多种类的蔬菜。

原则 4：淡化营养话题

　　不要在就餐时过多谈论营养均衡的话题，也不要在吃饭时将话题聚焦在某种食物上，让孩子顺其自然地接受食物。与孩子聊一些他们感兴趣的话题，让吃饭变成一个轻松自然的过程。

处于青少年阶段的孩子挑食的处理原则

　　对于青少年挑食的问题，家长可以参考以下四个基本处理原则。

原则 1：找到挑食背后的原因

　　了解孩子不爱吃某些食物的真正原因。是因为不喜欢食物的口感，还是担心食物对身体有害，或者是由于过去不愉快的体验？找到根本原因，才能有针对性地解决问题。

原则 2：商量替代方案

　　与孩子商量，找到替代的食物。例如，如果孩子不喜欢吃胡萝卜，可以尝试用富含 β- 胡萝卜素或维生素 A 的食物替代。让孩子参与讨论和决策，增加他们的自主性和参与感。

小宇不喜欢吃胡萝卜，但愿意尝试南瓜。妈妈尊重他的选择，用南瓜替代胡萝卜，并和小宇一起制作了一道南瓜粥，小宇觉得很美味。

原则3：矫正不合理信念

对于孩子提出的不合理观点，要进行沟通和矫正。例如，孩子认为吃肉会发胖，可以通过科学知识和实例解开他们的误解，帮助他们建立正确的饮食观念。

小丽坚信所有绿色蔬菜都有"奇怪的味道"，只要看到盘子里的青菜就拒绝吃。妈妈发现，越是强迫小丽尝试，她的抗拒情绪就越强。后来，妈妈决定从改变小丽的体验入手，而不是直接纠正她的认知。

一天，妈妈邀请小丽一起在家里的小菜园里种植蔬菜。小丽选择了几种简单易种的绿色蔬菜，比如生菜和菠菜。在种植过程中，小丽每天给蔬菜浇水、观察它们生长，还给它们取了有趣的名字。蔬菜成熟后，妈妈对小丽说："这是你种的菜，试试看自己的'杰作'，一定很特别！"

小丽尝了一口，发现味道并没有她想象中那么可怕。妈妈趁机鼓励她："你看，其实这些绿色蔬菜也很好吃。要不要试试搭配一点酱料，味道会更好？"慢慢地，小丽开始接受绿色蔬菜，并愿意尝试更多不同的菜品。

原则 4：抓大放小，不激化矛盾

不要因为挑食问题影响亲子关系。对于青少年来说，只要他们能健康成长，挑食问题可以逐步解决。家长应抓大放小，不要因小问题引发大的矛盾。如果挑食已经严重影响健康，如出现厌食症等问题，则需要及时干预。

> **案 例**
>
> 小明的妈妈发现小明只是不喜欢吃洋葱，而不是所有蔬菜都不吃。于是，她决定不再强迫小明吃洋葱，而是鼓励他多吃其他蔬菜。这样，母子之间的关系没有因为洋葱而紧张起来，小明也愿意尝试更多的蔬菜。

家长处理孩子挑食问题的最佳策略

让我们来深入探讨家长在面对孩子挑食、不吃蔬菜等问题时，如何才能处理得更好，达到最佳效果。

了解挑食的影响因素

为了有效应对孩子挑食的问题，首先需要了解影响孩子挑食的因素。例如，孩子的味觉和感觉敏感度与成年人不同。他们对某些味道，食物的触感、颜色和形状的敏感程度可能更高。孩子有时会觉得某些菜特别难闻，难以下咽，这些都与他们的敏感度有关。

分散注意力

在与孩子沟通时，要注意分散他们对食物的注意力，而不是反复强调食物的营养价值和在健康方面的好处。孩子们不喜欢被逼着听这些道理，这只会让他们更抗拒进食。家长应在轻松愉快的氛围中，让进食成为自然发生的事情。

聚焦孩子的情绪

情绪对孩子的进食有重要的影响。当孩子感到快乐时，他们对食物的抗拒会减少。家长应努力营造积极快乐的餐桌文化，使就餐成为一家人放松、享受的时刻，而不是一场战争。让孩子在愉快的氛围中自然地接受更多种类的食物。

三五沟通法的应用

我们推荐使用三五沟通法，分三个阶段，每阶段 5 分钟，共计 15 分钟，来有效地解决孩子挑食的问题。

第一阶段：启动积极情绪，建立良好的沟通关系

首先，创造一个快乐的氛围，强化亲子关系。以下是一些具体建议：

一起做菜：让孩子参与做菜过程，例如："小美，今天帮妈妈一起做菜，好不好？你选一个你最想吃的菜，妈妈来教你做。"把做菜变成一场有趣的游戏。

播放轻松的音乐：在做饭和吃饭时，播放一些孩子喜欢的轻松音乐，营造愉快的氛围。

讲故事：在吃饭前或吃饭时，讲一些有趣的故事，把食物拟人化，让孩子觉得吃饭是个愉快的事情。

第二阶段：达成需求上的共识

在这一阶段，家长要表达对孩子感受的理解，并与孩子一起制订饮食计划。以下是一些具体建议：

表达理解：告诉孩子你理解他不喜欢某些蔬菜，例如："妈妈理解有些蔬菜你不爱吃，这很正常。"

给予选择权：让孩子在一定范围内选择喜欢的蔬菜，例如："以后你可以挑选自己喜欢的蔬菜，好不好？"

讨论健康饮食：在轻松的氛围中，与孩子讨论为什么多吃蔬菜对身体好，避免说教。

第三阶段：制定指向未来的解决方案

最后，制定一个双方都认可的解决方案，确保孩子能接受并愿意尝试。以下是一些具体建议：

制定菜单：一起制定每日或每周的菜单，保证营养均衡，同时让孩子有参与感，例如："以后每餐饭我们做四个菜，一个蔬菜、一个汤、两个荤菜，你可以选爱吃的蔬菜。"

创新做法：尝试不同的烹饪方法和搭配，例如，用蔬菜包裹肉类，增加饮食的趣味性。

建立奖励机制：设置小奖励，当孩子尝试新食物或完成一次愉快的就餐后，可以获得一个小奖励。

实践建议

为了帮助家长更好地实施这些策略，我们提供以下实践建议。

分解问题，各个击破

将挑食问题分解成小问题，逐步解决。例如，从少量尝试开始，再逐步扩大接受的食物范围。

适时让步，避免冲突

不要强迫孩子吃不喜欢的食物，待找到合适时机再沟通。

理解深层原因，针对性解决

找出孩子挑食背后的心理原因，并有针对性地解决。

正向反馈与互动

当孩子有积极行为改变时，及时给予正向反馈和奖励。

家长练习题

家长可以经常带孩子一起去超市购物，让孩子挑选自己喜欢的蔬菜，并参与到做菜的过程中。这样不仅能改善孩子挑食的毛病，还能增强亲子关系。例如，让孩子挑选两三种蔬菜，参与到蔬菜的烹饪和搭配中。这种做法不仅能改善孩子的饮食习惯，还能培养他们的责任感和独立性。

练习示例

超市购物：每周带孩子去一次超市，让孩子挑选两三种喜欢的蔬菜，并让孩子解释为什么选择这些蔬菜。

参与做菜：让孩子参与到做菜的每个环节，从洗菜、切菜到炒菜，增加孩子对食物的兴趣。

创意摆盘：用不同的方式摆盘，把蔬菜做成孩子喜欢的形状或图案，增加食物的吸引力。

通过以上方法，家长可以有效地改善孩子挑食的习惯，让孩子在一个愉快、和谐的氛围中，逐步接受更多种类的食物，养成健康的饮食习惯。

本章要点总结

■ 孩子挑食的原因分析

以往的喂养习惯：小时候只给孩子喜欢的食物，形成挑食习惯。

养育风格：家长在孩子挑食时妥协，导致孩子在其他方面也会出现类似的问题。

不愉快的进食经历：过去有过不愉快的进食经历，导致孩子拒绝某些食物。

对食物的不合理信念：孩子对某些食物存在偏执的信念，需要家长帮助调整。

就餐环境：不和谐的就餐环境影响孩子的饮食行为。

■ 处于幼儿园和小学阶段的孩子挑食的处理原则

增加就餐趣味：将就餐变成游戏或故事，使过程充满乐趣。

提供替代选择：找到孩子讨厌食物的替代品，给予孩子选择的权利。

改变烹饪方法： 尝试不同的烹饪方法，让孩子更容易接受。

淡化营养话题： 不要在就餐时过多谈论营养均衡的问题，让孩子自然接受食物。

■ 处于青少年阶段的孩子挑食的处理原则

找到挑食背后的原因： 了解孩子不爱吃某些食物的真正原因。

商量替代方案： 与孩子商量找到替代食物，增加他们的自主性和参与感。

矫正不合理信念： 对孩子提出的不合理观点进行聚焦矫正和沟通。

抓大放小，不激化矛盾： 不因挑食问题影响亲子关系，逐步解决。

■ 家长处理孩子挑食问题的最佳策略和实践建议

了解挑食的影响因素： 理解孩子的味觉和感觉敏感度，进行合理应对。

分散注意力： 不反复强调食物的营养价值，在轻松愉快的氛围中进食。

聚焦孩子的情绪： 在愉快的氛围中自然接受更多种类的食物，营造积极的餐桌文化。

分解问题，各个击破： 将挑食问题分解成小问题，逐步解决。

适时让步，避免冲突： 不要强迫孩子吃不喜欢的食物，待找到合适时机再沟通。

理解深层原因，针对性解决： 找出孩子挑食背后的心理原因，并有针对性地解决。

正向反馈与互动： 孩子有积极行为改变时，给予正向反馈和奖励。

第 16 章

孩子沉迷手机与游戏，
你该怎么沟通

案　例

　　我们先来看一个具体的例子。小明今年初二，最近半年开始沉迷于网络游戏，手机几乎不离身。无论妈妈如何劝说和教育，小明依然沉迷于游戏，成绩一落千丈，从班级的前十几名滑到了倒数。有时候，妈妈焦急万分，甚至动手打过小明，但效果甚微。一次，妈妈趁小明洗澡时偷偷把手机藏了起来。小明回到房间后立刻发现手机不见了，便和妈妈大吵一架，甚至威胁说如果妈妈不还手机，他就再也不去学校上学了。小明的妈妈非常苦恼，不知道如何才能有效地与孩子沟通以解决这个问题。

　　孩子沉迷手机和爱玩游戏是当今许多家长头疼的问题之一。特别是孩子处于初、高中阶段的家长，常常感到困惑和无奈。很多孩子因为沉迷手机或游戏，导致学习成绩下滑。事实上，沉迷手机和游戏不仅影响孩子的学习成绩，还对他们的健康和社交能力造成不良影响。因此，家长越早、越彻底地解决这一问题，就越有利于孩子的健康成长。那么，家长该如何有效沟通，帮助孩子摆脱沉迷手机和游戏的坏习惯呢？

要解决孩子沉迷手机的问题，家长首先需要弄清楚以下三个问题：

- 孩子玩手机都在玩什么？
- 玩手机满足了孩子哪些在现实生活中缺失的需求？
- 如何在现实生活中满足孩子这些缺失的需求？

孩子沉迷手机与游戏的原因分析

首先，网络成瘾、手机的过度使用和沉迷游戏，都属于坏习惯。我本身是做心理学科学研究的，我很清楚习惯一旦形成，就很难改变。所以手机使用习惯的矫正完全可以参照通用的坏习惯矫正的整套流程、方法和策略。

需要明白的是，手机使用为什么容易成瘾？因为它符合习惯养成的条件：固定的手机、固定的游戏、固定的伙伴、固定的游戏任务、固定的时间、固定的地点。这些条件结合起来，形成了稳定的习惯养成条件。

稳定的习惯养成条件导致了玩手机的行为在稳定的环境中成了自动化的行为反应，成为条件反射。例如，有些孩子从小学开始玩手机，一直到高三都无法改正。在高考冲刺前，很多家长焦急地找我们求助：孩子每天沉迷手机，根本不学习。因为习惯一旦养成，行为的发生不再经过深思熟虑和理性分析，这也使孩子对行为的后果和危害性不敏感。

其次，孩子沉迷手机、沉迷游戏，是因为手机和游戏通常满足了他们的三大主要需求。

娱乐的需求。 孩子在学习中感到枯燥、无聊，手机和游戏提供了大量简单的快乐。无论是短视频、搞笑段子还是八卦新闻，都能让孩子直接感受到快乐。

案 例

小华每天放学后第一件事就是玩手机游戏，因为这是他唯一的娱乐方式。他在游戏中找到了简单、直接的快乐，弥补了学习生活的枯燥。

社交和沟通的需求。 很多孩子在现实中缺乏朋友，与人沟通费劲，手机和游戏则提供了一个方便的社交平台。在游戏中，他们可以与队友交流，与陌生人互动，满足了社交需求。

案 例

小丽很少有机会与同龄人交流，但在游戏中，她结识了很多朋友，和他们一起组队，交流游戏技巧，这让她感到非常满足。

对掌控感的需求。 在游戏中，孩子可以掌控游戏角色的发展，按自己的想法定制游戏进程。这种掌控感在现实生活中往往是缺失的。例如，孩子想提高成绩但无法做到，对生活和学习有强烈的失控感，而游戏中的掌控感弥补了这一缺失。

　　家长要找到孩子玩游戏背后的诉求，才能有效解决问题。只
有明白孩子缺什么，家长才能有针对性地补什么，从而解决孩子
沉迷手机和游戏的问题。

家长的处理原则

　　冰冻三尺非一日之寒，处理孩子沉迷手机、游戏的问题，
要有耐心，做好打持久战的准备。以下是一些关键步骤和具体
方法。

步骤1：你要了解孩子用手机在干什么

　　90%的家长都卡在了这一步，孩子每天用手机在玩什么，很
多家长根本就不知道。所以，家长必须弄清楚孩子都用手机在干什
么，是在玩游戏、社交还是娱乐？有两个方法可以解决这个问题。

- 找个孩子心情不错的时候，以聊天的形式问问孩子他的同
  龄人用手机都在干什么。
- 想办法让孩子给你看看他手机里的软件使用时间分类，看
  一看孩子平时花时间较多的应用软件是哪一类。

注意第一步只要了解孩子使用手机的真实情况即可，不要过多对孩子进行教育。

步骤2：分析孩子使用手机的需求

根据孩子手机使用的情况，来分析孩子使用手机都满足了他现实生活中哪些方面缺失的需求。沉迷手机娱乐信息的孩子普遍感觉生活没有乐趣，缺少快乐。沉迷手机社交软件的孩子大多数在现实生活中没有朋友，缺少聊得来的人。沉迷手机游戏的孩子大多数在现实生活中缺少可以掌控自己的机会。

> **案 例**
>
> 小华沉迷于手机中的社交软件，因为他在现实生活中缺乏朋友，通过社交软件，他可以与同龄人交流，感受到被理解和支持。

步骤3：设计满足孩子需求的现实活动

找到了孩子玩手机的真实需求之后，你就可以主动在生活中找到一些方法，以满足孩子通过玩手机来满足的需求，从而减少孩子对手机的依赖。

> **案 例**
>
> 发现孩子沉迷于手机游戏的小刚妈妈决定每周带小刚去游乐园或参加户外活动。通过这些丰富多彩的现实活动，小刚逐渐发现，现实生活中的快乐同样让人满足，他对手机游戏的依赖也减少了。

通过以上分析，你可以更好地理解和处理孩子沉迷手机的问题。以下是一些具体的实践建议，以帮助家长在日常生活中应用这些原则和方法。

了解孩子的快乐来源：通过观察和沟通，了解孩子上网和玩游戏的具体原因，是为了逃避压力，还是寻求社交，或者是追求成就感。

设定规则与边界。与孩子共同制定合理的手机使用时间并限定使用范围。确保规则明确，并严格执行，以帮助孩子建立良好的习惯。

提供高质量的替代活动。寻找和安排丰富多样的现实生活活动，如运动、艺术、手工等，让孩子在现实中找到快乐和满足感。

关注孩子的情感需求。很多时候，孩子沉迷手机和游戏是因为在现实生活中缺乏情感支持。家长需要更多地关注孩子的内心需求，与孩子建立更深的情感联结。

同时，我强烈建议你要加强亲子关系建设。

要解决孩子沉迷手机的问题，必须在手机之外找答案。加强亲子关系的建设是关键。很少有孩子在沉迷手机和游戏的同时与父母的关系是融洽的。反之，很多与父母关系良好的孩子也打游戏，但没有成瘾。家长与孩子的亲密程度、信任程度需要达到可以聊手机、聊游戏、聊解决手机成瘾问题的程度。如果亲子关系达不到这个程度，家长讲的任何话对孩子来说都是噪声。

案　例

小亮的爸爸妈妈决定每周安排一次家庭活动，带小亮去公园散步或一起做饭。在这些活动中，小亮感受到父母的关心和陪伴，逐渐愿意与他们交流，包括关于手机使用的问题。

孩子沉迷手机和游戏，家长该如何与孩子沟通

孩子沉迷游戏和网络，家长该如何有效地沟通呢？这其中有四个基本原则。

原则 1：要求坚定，态度柔和

在与孩子沟通时，家长需要明确表达沉迷游戏是不可以接受的，但同时态度要柔和。让孩子知道你关心的是他的健康和未来，而不是单纯地禁止他做喜欢的事情。

案 例

妈妈对小明说："我知道你喜欢玩游戏，但我们需要一起找到一种平衡的方法，不影响学习和健康。"

原则 2：解决问题，而不是打败孩子

沟通的目的是与孩子一起解决问题，而不是让孩子感到自己是问题的根源。要将孩子与问题分开看待，问题是问题，孩子是孩子。一起讨论如何减少游戏时间，而不是责备孩子。

案 例

爸爸对小丽说："我们一起来想办法，看看怎样让你既能玩游戏，又不耽误学习，你觉得怎么样？"

原则 3：倾听孩子内心的想法

多听听孩子内心的想法和感受。孩子可能会告诉你，家长很忙，学习很累，没有朋友，游戏陪伴他们度过了许多孤单的时光。家长需要理解并感谢游戏在某种程度上给予孩子的快乐。

案　例

妈妈对小华说："我知道你很喜欢游戏，游戏也给你带来了很多快乐和陪伴。谢谢你告诉我这些，让我了解你的感受。"

原则 4：一事一议

在沟通时，要专注于讨论玩游戏的问题，不要把它和学习成绩、未来的前途等问题混为一谈。这样可以避免使沟通复杂化，也让孩子更容易接受你的建议。

案　例

在晚餐时，爸爸对小刚说："今天我们只谈论游戏的事情，其他的先放一边。我们来讨论一下怎样合理安排你的游戏时间，好吗？"

具体的沟通步骤

第一步：了解孩子的需求。

家长可以用以下话术：

"宝贝，你能跟妈妈讲讲这些游戏的乐趣到底在哪吗？妈妈也没有玩过游戏，我也不太懂，妈妈有点好奇。"

"如果这个手机是你的好朋友，你觉得这个好朋友每次都能给你带来什么？"

"每次你玩游戏的时间那么久，一定特别好玩吧。你能跟妈妈讲讲手机里有哪些好玩的东西吗？"

第二步：明确你自己的需求。

你可以问自己：

"每次我看到孩子玩游戏的时候，我脑子里真正在担忧的事情是什么？"

"如果孩子不玩游戏，省出来的时间，我希望他能干点什么？"

第三步：找到双方需求的交集。

在找到双方需求的交集后，你可以这样说："孩子，妈妈其实并不反对你玩游戏，只是希望你能保护好眼睛，不影响学习。我们可以一起想个办法，既能让你玩得开心，又不影响健康和学习，好吗？"

通过以上步骤，家长和孩子可以在沟通中找到共同点，达成共识，从而更好地解决孩子沉迷手机与游戏的问题。这种方式既能尊重孩子的需求，又能实现家长的期望，是一种平衡而有效的沟通策略。

第四步：如何让双方需求的交集变大？

有效的亲子沟通在于找到并放大双方的需求交集。通过以下5种方法，家长可以更好地理解和回应孩子的需求，从而达到双赢的效果。

1. 表达关心

家长可以通过表达对孩子的关心来扩大需求的交集。

例如："妈妈最关心的事情是你在玩游戏时能够保护好眼睛，不要因为长时间用眼造成近视。另外，妈妈也希望你的学习成绩不受影响。我们可以一起商量，看看怎么既能让你玩得开心，又能保护眼睛和保持好的学习成绩。"

2. 寻找平衡点

在沟通中，家长需要帮助孩子找到娱乐与责任之间的平衡点。

例如："其实妈妈不反对玩游戏和玩手机。妈妈反对的是沉迷。所以，我们可以一起想办法，在不影响用眼健康和学习成绩的前提下，让你也能享受游戏的快乐。你觉得怎么样？"

3. 共同制定规则

与孩子一起制定使用手机和玩游戏的规则，让孩子感受到被尊重和参与到决策的过程中。

例如："我们可以一起制定一个时间表，规定每天可以玩游戏的时间和必须完成的学习任务。这样你既可以玩游戏，又不会影响到眼睛和学习。"

4. 提供选择权

让孩子在一定范围内有选择权，满足他们对自由和掌控的需求。

例如："你可以选择在每天的哪段时间玩游戏，但是必须在完成作业和家务后。这样，你既能享受游戏的乐趣，也能保证学习和健康。"

5. 表现出对孩子的理解和尊重

通过理解和尊重孩子的感受，家长可以增强孩子对家长的信任和合作意愿。

例如："妈妈知道你玩游戏是因为它能带来很多快乐，也能和朋友一起玩。我们一起想个办法，让你既能享受游戏的快乐，又不会影响学习和健康，好吗？"

第五步：如何在方案中体现孩子的需求？

在制定方案时，家长需要确保孩子的需求被充分考虑和体现。

1. 分析需求

明确孩子玩游戏背后的需求，包括娱乐需求、社交需求和对掌控感的需求。

2. 制定合理的规则

在制定规则时，家长需要结合孩子的需求。

娱乐需求： 每天安排固定的游戏时间，但需在完成学习和家务之后。同时，提供其他有趣的活动，如体育运动、音乐、艺术活动等。

社交需求： 鼓励孩子参加社交活动，如参加俱乐部、课外活动或与朋友聚会。

对掌控感的需求： 给予孩子一些决策权，如让孩子选择每天的活动或安排家庭的一些小任务。

3. 设立奖励机制

通过正向激励来鼓励孩子遵守规则和完成任务。

例如："如果你能按时完成作业并遵守游戏时间，我们可以一起去看电影或进行其他你喜欢的活动。"

4. 持续地沟通

定期与孩子沟通，了解他们的感受和需求的变化。

例如"我们每周可以坐下来聊聊，看看这个计划执行得怎么样。你有什么需要调整的地方，或者有什么新的想法，都可以告诉妈妈。"

三五沟通法的应用

在面对孩子沉迷游戏和手机的问题时，家长需要一种系统、有效的沟通策略。我们推荐使用三五沟通法。三五沟通法分三个阶段，每个阶段 5 分钟，共计用 15 分钟来有效解决这一问题。

第一阶段：启动积极情绪，建立良好的沟通关系

在第一阶段，家长需要与孩子建立良好的关系和营造积极的情绪氛围。以下是一些具体的示范。

开启话题。家长可以用轻松的语气开始对话："小明，最近妈妈看到你经常在看手机或玩游戏，能跟妈妈分享一下，这些游戏有什么好玩的地方吗？妈妈也想了解一下，说不定我也能从中学到一些新的东西呢。"

表达兴趣和赞赏。表示对孩子兴趣的认可和赞赏："刚才看你打那盘游戏，操作真是行云流水，我感觉你玩游戏的水平真的挺高的，能不能教教妈妈？你是怎么学会这些技巧的？"

避免打扰和选择合适的时机。注意选择孩子没有玩手机或游戏的时间来沟通，例如在周六喝下午茶时，或者刚吃完晚饭，孩子在休息的时候。避免在孩子玩游戏时进行教育，因为这会让孩子感到被打扰。

第二阶段：达成需求上的共识

在第二阶段，家长需要确认孩子的需求，同时表达自己的关心，避免引发大的分歧。

表达理解和关心。"妈妈觉得这个游戏确实挺好玩的，但是也很担心你的眼睛，怕你长时间玩游戏会影响视力。而且最近你的成绩有些下降，虽然不一定完全是因为玩游戏，但时间上肯定是有影响的。我们能不能商量一下，看怎样既能玩得开心，又能保证学习成绩？"

请求孩子的建议。"你有没有什么好的建议，既能够满足你玩游戏的需要，又不影响学习？如果你觉得难以控制自己，妈妈也可以帮你找一些方法来解决这个问题。"

共同讨论解决方案。"最好你能够提出一些更有效的解决方案，跟妈妈一起商量，我们看看怎么能既满足你的娱乐需求，也能保证学习的效果。"

第三阶段：制定指向未来的解决方案

在第三阶段，家长和孩子共同制定一个双方都能接受的解决方案，并确保该方案能满足双方的需求。

制定具体的方案。例如："你每天写完作业后可以玩半小时游戏，或者玩一小时游戏。每玩 30 分钟休息一下，远眺一下，保护眼睛。保证学习的质量是玩游戏的前提，游戏是辛苦学习后的奖励。"

签订协议。"如果认同这个方案，我们可以一起签字。妈妈绝对不会打扰你，还会准备好水果饮料，让你开开心心地玩游戏。"

　　制定具体的规则。"玩游戏时不要躺在床上，要坐在椅子上，眼睛要保护好。最好在客厅里玩，因为客厅的灯光明亮，妈妈也可以远距离监控，但不会打扰你。"

　　逐步调整方案。"我们可以定期检查这个方案的效果，如果有需要再进行调整。"

　　通过以上策略，家长可以更有效地与孩子沟通，帮助他们找到学习、生活与玩手机之间的平衡，减少沉迷游戏和网络的情况。这不仅有助于改善孩子的手机使用习惯，还能增强亲子关系，促进孩子的健康成长。

家长与孩子沟通沉迷手机问题的常用 10 大话术清单

引导孩子描述游戏的乐趣

"孩子，你能给妈妈讲讲这些游戏的乐趣到底在哪吗？妈妈有点好奇。"

表达理解与关心

"我知道你喜欢玩游戏，但我们需要找到一种平衡方法，不影响学习和健康。"

讨论解决方案

"我们一起来想办法，看怎样能让你既能玩游戏，又不耽误学习。"

明确家长的担忧

"妈妈担心你的眼睛，长时间玩游戏可能会影响视力。"

赞美孩子的游戏技能

"刚才看你打那盘游戏，操作真是行云流水，你玩游戏的水平真的挺高的。"

请求孩子的建议

"你有没有什么好的建议，既能够满足你玩游戏的需要，又不影响学习？"

设定规则与边界

"我们可以一起制定一个时间表，规定每天可以玩游戏的时间和必须完成的学习任务。"

提供替代活动的选择

"我们可以每周去游乐园或参加户外活动，让你在现实生活中也能找到快乐。"

鼓励孩子参与决策

"你可以选择在每天的哪段时间玩游戏，但是必须在完成作业和家务后。"

定期沟通和调整

"我们每周可以坐下来聊聊，看看这个计划执行得怎么样，有什么需要调整的地方。"

孩子沉迷手机的常见原因清单

娱乐需求
在学习中感到枯燥无聊，手机和游戏能提供简单的快乐。

社交需求
在现实中缺乏朋友，手机和游戏提供了与朋友互动的平台。

对掌控感的需求
在游戏中掌控角色，以弥补现实生活中的无力感。

逃避压力
通过游戏逃避学业压力和家庭压力。

寻找成就感
通过游戏中的成就和奖励获得自信和满足感。

已形成习惯
固定的手机使用习惯，使得孩子很难戒掉手机上瘾行为。

短暂逃避现实
通过游戏暂时逃避现实生活中的困境和烦恼。

缺乏其他兴趣
现实生活中缺乏其他兴趣和爱好，游戏成为唯一的娱乐方式。

同龄人影响
同龄朋友都在玩游戏，孩子不想被排除在外。

家长监督不足
家长对孩子的手机使用缺乏有效的监督和管理。

本章要点总结

■ **孩子沉迷手机与游戏的三大主要原因**

手机与游戏满足了孩子的娱乐需求：手机和游戏提供简单的快乐，弥补学习中的枯燥无聊。

手机与游戏满足了孩子的社交需求：手机和游戏为孩子提供了与朋友互动的平台，满足社交需求。

手机与游戏满足了孩子对掌控感的需求：游戏中掌控角色发展，弥补现实生活中的无力感。

■ **有效应对孩子沉迷手机与游戏的四大策略**

了解孩子的快乐来源：明确孩子玩游戏的原因，以便对症下药。

设定规则与边界：与孩子协商设定游戏时间和内容。

提供高质量的替代活动：寻找和安排丰富多样的现实生活活动，替代游戏带来的满足。

加强亲子关系建设：关注孩子的内心需求，与孩子建立更深的情感联结

■ **解决孩子手机与游戏问题的四个基本原则**

要求坚定，态度柔和：明确表达沉迷游戏不可接受，但态度柔和。

解决问题，而不是打败孩子：与孩子共同讨论解决方案，而不是责备。

倾听孩子内心的想法：了解孩子玩游戏的原因，表达理解和关心。

一事一议：专注讨论玩游戏的问题，不混杂其他问题。

■ 三五沟通法：系统有效的三阶段沟通策略

第一阶段：启动积极情绪，建立良好的沟通关系。营造积极的情绪氛围。

第二阶段：达成需求上的共识。确认孩子需求，表达关心。

第三阶段：制定指向未来的解决方案。共同制定解决方案，满足双方需求。

第 17 章

孩子不愿意锻炼身体，你该怎么沟通

现在有很大比例的孩子不愿意锻炼身体，你要怎么做才能够让孩子多锻炼身体呢？我们先来看一个案例。

案　例

小明的妈妈发现最近小明有点胖，所以希望孩子多锻炼身体。她邀请孩子明天早上一起去跑步，但孩子无论如何都不答应。开始，小明的妈妈认为他早上起不来，就提议改到晚饭之后去跑步，但小明还是不肯，觉得跑步损伤膝盖，很累也很无聊。小明的妈妈很苦恼，不知道怎么办，也不知道怎么劝孩子。如果你是小明的妈妈，你有什么好的办法能够劝孩子一起去锻炼身体呢？

我们从三个方面来谈这个话题。首先，分析孩子不愿意锻炼身体的主要原因；其次，了解处理这个问题的基本原则；最后，从沟通的视角来看怎么与孩子沟通最有效。

孩子不愿意锻炼身体的原因

孩子不愿意锻炼身体，可能有以下几个原因。

行为层面

缺乏体力。孩子平时不怎么锻炼，所以一旦运动就会气喘吁吁，感觉很累。

缺乏技能。孩子可能尝试过一些体育锻炼，但因为缺乏技能，没有成就感。例如，他不会打篮球或踢足球，所以对这些运动没有兴趣。

社交障碍。某些运动需要与他人合作，比如足球，而孩子可能不认识合作伙伴，或者不善于社交，导致他不愿意参与。

单调乏味。一个人进行的运动，比如动感单车、健美操，让孩子觉得很无聊，因此孩子不愿意进行这些锻炼。

认知层面

缺乏认同感。很多孩子觉得锻炼身体没必要。他们可能认为完成作业后需要的是休息，而不是锻炼。

无意义感。孩子觉得锻炼身体没有意义，认为这是一种很辛苦、很无聊的活动。

不理解锻炼的好处。孩子可能不理解锻炼对身体的好处，认为这只是家长的要求，没有切实的益处。

家长的处理原则及沟通策略

那么你该如何处理孩子不愿意锻炼身体的问题呢？要解决这个问题，需要遵循一些基本原则。可以把这个过程分为两个阶段：启动锻炼行为和培养锻炼习惯。根据习惯养成的基础知识和方法论，可以将这两个阶段细分为六个环节，循序渐进地培养锻炼身体的习惯。

第一阶段：启动锻炼身体的行为

1. 弱化教育痕迹

要弱化锻炼身体这件事的教育意义。少讲"锻炼身体才能健康""多跑步才能长得高""你看谁谁都在锻炼"等，这些话只会让孩子反感。你要把锻炼身体当作生活的一部分，把锻炼与孩子喜欢的事绑定在一起。例如，如果孩子喜欢吃烤串，可以这样说："周六下午我们去打两小时羽毛球，晚上一起去吃烤串。"将锻炼与愉快的事结合在一起，让吃烤串的快乐缓解羽毛球的无趣和辛苦，使锻炼成为顺其自然的行为。

有个家长曾经告诉我，她的孩子喜欢吃冰激凌，于是她每次带孩子去游泳后，都会奖励孩子一个冰激凌。结果孩子对游泳产生了兴趣。

2. 增加锻炼过程的趣味性

锻炼本身可能没有太多乐趣，但可以在锻炼过程中加入有趣的元素。例如，和孩子一起跑步时，可以准备一些笑话、八卦新闻或孩子感兴趣的话题，边跑边聊。避免在锻炼时讨论学习，以免让孩子感到厌烦。加入有趣的元素，使锻炼成为孩子乐于参与的活动。

有一次，我向一个家长建议，每次跑步时带着孩子一起听有趣的播客节目。结果这个孩子对跑步有了更多期待。

3. 设计奖励机制

锻炼后给孩子一些奖励，设计好奖励的规则，让锻炼成为一种期待。例如，可以设置一个抽奖池，每次锻炼后进行抽奖，奖品可以是大小不一的惊喜。这种设计可以让孩子对锻炼充满期待。

我曾经见过一个家庭，他们每次跑完步后，会让孩子抽一次奖。有时是她喜欢的贴纸，有时是一小包零食。这让孩子对跑步充满期待。

第二阶段：培养锻炼身体的习惯

1. 简化并固化锻炼行为

将锻炼变得简单，并尽量固定下来。有些老人能够坚持每天早晨在固定的时间、地点按固定的路线进行晨跑，是因为他们通过固化跑步的路线、节奏和时长，使锻炼成为简单且可重复的行为，从而形成习惯。

有个孩子的爷爷每天早上 6 点都会在公园跑步，这个孩子有时会跟着爷爷一起跑，逐渐形成了早起跑步的习惯。

2. 环境和行为的绑定

将锻炼行为与固定的环境线索绑定。例如固定在某个时间段进行锻炼，并在固定的地点进行。通过这种方式，将环境线索与锻炼的行为绑定在一起，使锻炼成为孩子生活中的一部分，不再需要额外的动机和提醒。

我记得有个家庭，每天晚饭后会和孩子一起在小区里散步，这种固定的安排让孩子逐渐养成了每天锻炼的习惯。

3. 保持行为的简单

保持锻炼行为的简单性，使孩子容易执行。例如，每天固定跑步 15 分钟，简单易行，不需要复杂的准备和安排。重复简单的行为，使锻炼成为自然而然的习惯。

有个家庭规定每天晚饭后全家一起散步 20 分钟，这个简单的行为让孩子逐渐习惯了每天的锻炼。

通过这两个阶段和六个环节，你可以有效地帮助孩子启动锻炼行为，并逐步培养他们的锻炼习惯。这不仅有助于孩子的身体健康，还能让他们在快乐中养成良好的生活习惯。

案例分析：小杰的锻炼之路

下面是一个完整的案例，展示如何将这六个环节串联起来，帮助你在实际生活中实施这些策略。

⊙ 案例背景

小杰是一个 12 岁的男孩，平时不太喜欢运动，体形有些偏胖。他的妈妈决定帮助他养成锻炼的习惯，经过一番努力，取得了不错的效果。

第一阶段：启动锻炼身体的行为

1. 弱化教育痕迹

小杰的妈妈意识到直接说教效果不好。于是，她找了个机会对小杰说："周末我们去打羽毛球吧，打完球我们去吃你最喜欢的烤串。"小杰因为喜欢吃烤串，勉强同意了。

2. 增加锻炼过程的趣味性

在打羽毛球的过程中，妈妈准备了一些笑话和小杰喜欢的八卦新闻，边打球边聊。这样，打球变得不那么枯燥，小杰逐渐开始享受这项运动。

3. 设计奖励机制

每次打完球后，妈妈都会带小杰去吃烤串，并且设立了一个小奖池。每次锻炼后，小杰可以抽奖，有机会得到他喜欢的小礼物。这让小杰对锻炼充满了期待。

第二阶段：培养锻炼身体的习惯

1. 简化并固化锻炼行为

妈妈和小杰约定，每周打三次羽毛球，固定在周二、周四和周六的下午四点。这种固定的安排让小杰逐渐适应，并形成了习惯。

2. 环境和行为的绑定

为了增强锻炼的效果，妈妈决定把打羽毛球的地点固定在家附近的公园。这样，小杰每次看到公园，就会联想到打羽毛球，逐渐形成条件反射。

3. 保持行为的简单

妈妈还规定，每次打球的时间为一个小时，简单易行，不需要复杂的安排和准备。通过重复这个简单的行为，小杰逐渐养成了锻炼的习惯。

结果

经过几个月的坚持，小杰不仅适应了打羽毛球，还逐渐喜欢上了这项运动。他的身体开始变得更加健康，精力也更加充沛。更重要的是，小杰养成了锻炼的习惯，锻炼已经成为他生活的一部分。

三五沟通法的应用

为了在实践中更好地解决孩子不愿意锻炼的问题，可以使用三五沟通法，这是一种分为三个阶段，每个阶段用时5分钟，共计用时15分钟的沟通策略。

第一阶段：启动积极情绪，建立良好的沟通关系

你可以说："小明，我最近看了一部电影，男主角超帅的，跟你长得很像，身材也很好。我觉得他看起来特别眼熟，我觉得你如果多运动一下，也能有这么好的身材。"或者讲一些与锻炼身体完全无关但孩子感兴趣的话题，与孩子建立良好的关系，启动孩子快乐的情绪。

第二阶段：达成需求上的共识

你可以说："我知道跑步很辛苦，但跑步可以让我们放松，边听音乐边跑步其实也是一种休息。你要不要试一试？除了跑步，还有打羽毛球、跳健美操、打篮球都可以尝试。如果你愿意，我可以给你买装备，我也陪着你去锻炼，或者你约同学们一起去运动也可以。"

第三阶段：制定指向未来的解决方案

你可以说："生活中除了学习，还有运动。我们一起找一些既好玩又能锻炼身体的活动，你想参加什么运动，我都支持你。"通过鼓励孩子做一些感兴趣的事儿，或者买一些喜欢的东西，把运动与孩子期待的行为紧密结合在一起。

在锻炼身体的习惯养成的过程中，沟通是否得当非常关键。学会沟通，就能有效帮助孩子建立锻炼身体的习惯。

孩子不愿意锻炼的常见理由及家长的话术建议

孩子不愿意锻炼，往往会有各种各样的理由。

以下是 18 种常见理由以及家长可以使用的话术。

每个建议都基于以下结构化的方法。

界定孩子表达中的概念，消除孩子的顾虑：明确孩子担忧的具体内容，消除孩子的顾虑。

举例分析漏洞：用孩子容易理解的例子解释其观念中的不合理之处。

鼓励孩子并提出指向未来的建议：提供孩子能愉快接受的合理建议。

"没有时间锻炼。"

界定概念，消除孩子的顾虑

"你提到最近都没时间锻炼，听起来你最近特别忙。其实最近因为是考试阶段，正好你又有一个比赛要参加，所以最近才感到忙乱一些。但并不是所有时间都会像最近这样忙乱的。"

举例分析

"做作业时，休息一下会让你的思维更清晰。就像学习时需要短暂地休息一样，锻炼也能帮助你在忙碌中找到放松的时刻，提高学习的整体效率。"

建议

"我们可以每天晚饭后一起散步 20 分钟，不会占用太多时间，还能放松一下。这不仅是锻炼身体，也是一个让我们放松和聊天的好机会。"

"锻炼太累了。"

界定概念，消除孩子的顾虑

"你觉得锻炼很累，是因为身体还不习惯新的运动项目。刚开始确实会有些累，但随着时间推移，你会越来越适应。"

举例分析

"就像你刚开始学骑自行车时也觉得很难，但练习一段时间后就轻松了，锻炼也是一样的道理。"

建议

"我们可以从轻松的运动开始，比如每天散步 10 分钟，然后逐渐增加时间，这样你不会觉得太累，还能逐渐适应。"

"我不喜欢跑步。"

界定概念，消除孩子的顾虑

"你不喜欢跑步这种形式的锻炼，这很正常，因为每个人都有不同的兴趣。"

举例分析

"有很多种运动，它们就像不同的游戏一样，有不同的乐趣。有人喜欢踢球，有人喜欢游泳，各有各的乐趣。"

建议

"我们可以试试其他运动，比如打羽毛球、游泳或者骑自行车，总有一种你会喜欢的。你愿意先试试哪一种？"

"没有人陪我锻炼。"

界定概念，消除孩子的顾虑

"你觉得一个人锻炼没有动力，这很正常，因为很多人都喜欢与同伴一起活动。"

举例分析

"和朋友一起做事会更有趣，比如一起玩游戏或者做作业，锻炼也一样。"

建议

"我可以陪你一起锻炼，或者你也可以和朋友一起去运动，这样会更有趣。你想和谁一起试试看？"

"锻炼很无聊。"

界定概念，消除孩子的顾虑

"你觉得锻炼的过程很单调，这很常见，因为没有找到合适的方式让它变得有趣。"

举例分析

"听音乐时，感觉时间过得很快，锻炼时也可以通过一些小技巧让它变得有趣。"

建议

"我们可以在锻炼的时候听听音乐或者聊聊天，这样会有趣一些。你喜欢听什么类型的音乐？"

"我不想出门。"

界定概念，消除孩子的顾虑

"你不想出门，是因为觉得出门锻炼麻烦或者不方便。"

举例分析

"在家里也有很多锻炼的方法，比如做一些简单的运动，不需要出门也可以达到锻炼的效果。"

建议

"我们可以在家里做一些简单的运动，比如跳绳、做仰卧起坐或者瑜伽，这些都可以锻炼身体，还不用出门。"

"我已经不胖了，不需要锻炼。"

界定概念，消除孩子的顾虑

"你觉得自己已经不胖了，所以不需要锻炼。其实，锻炼不仅仅是为了减肥。"

举例分析

"锻炼有很多好处，比如增强体质、提高免疫力、保持健康等。即使不胖，锻炼对身体依然有很多好处。"

建议

"我们可以选择一些你感兴趣的运动项目，不仅能保持健康，还能享受运动的乐趣。"

"我朋友都不锻炼。"

界定概念，消除孩子的顾虑

"你觉得自己不应该和朋友不一样，朋友都不锻炼，所以你也不想锻炼。"

举例分析

"每个人都有自己的生活方式，我们可以选择对自己好的事情，也许你锻炼后，朋友们也会受到影响，开始锻炼呢。"

建议

"你可以尝试一下锻炼，说不定你的好习惯还会带动朋友们一起锻炼，大家一起变得更健康。"

"锻炼太麻烦了。"

界定概念，消除孩子的顾虑

"你觉得锻炼麻烦，可能是因为觉得需要准备很多东西或者花费很多时间。"

举例分析

"刚开始可能会觉得麻烦，但一旦养成习惯，就会变得很自然，就像每天刷牙一样。"

建议

"我们可以从简单的运动开始，比如每天散步10分钟，这样既简单又不麻烦，还能逐渐养成习惯。"

"我怕别人笑话我。"

界定概念，消除孩子的顾虑

"你担心别人会笑话你，这种顾虑可以理解，但其实很多人都会支持你锻炼。"

举例分析

"重要的是你为自己的健康努力，而不是盲目追随别人的看法。大多数人都会尊重你的决定。"

建议

"我们可以选择一些不太引人注目的锻炼方式，比如在家里或者和家人一起锻炼，这样你会感觉更自在。"

"天气不好，不适合锻炼。"

界定概念，消除孩子的顾虑

"你觉得天气不好，不适合户外锻炼。确实，天气不好时户外活动不方便。"

举例分析

"即使天气不好，也可以在室内做一些运动，比如跳绳、做健身操等，这些运动同样有效。"

建议

"我们可以在室内做一些运动，比如跳绳或者做健身操，这样既能锻炼身体，又不用担心天气。"

"锻炼会让我受伤。"

界定概念，消除孩子的顾虑

"你担心锻炼会受伤，这是一个合理的担忧，但只要方法正确，锻炼是安全的。"

举例分析

"我们会注意安全，选择适合的运动，循序渐进地进行锻炼，避免受伤。"

建议

"我可以教你一些简单、安全的锻炼方法，确保你在锻炼过程中不会受伤。"

"我不知道怎么锻炼。"

界定概念，消除孩子的顾虑

"你不知道怎么锻炼，所以觉得无从下手。"

举例分析

"我可以教你一些简单的锻炼方法，或者我们一起看看锻炼的教学视频，这样你就会知道怎么开始了。"

建议

"我们可以一起学习一些简单的锻炼方法，从基础开始，这样你会觉得更容易上手。"

"锻炼太单调了。"

界定概念，消除孩子的顾虑

"你觉得锻炼的内容单调，缺乏变化，这确实会让人感到无聊。"

举例分析

"我们可以尝试不同的运动项目，每周换一种运动，这样就不会觉得单调了。"

建议

"我们可以每周尝试一种新的运动项目，比如一周打羽毛球，一周游泳，这样你会发现锻炼也可以很有趣。"

"我没有运动服。"

界定概念，消除孩子的顾虑

"你觉得没有运动服，不方便进行锻炼。"

举例分析

"运动服可以让锻炼更舒适，但其实不一定非要专业的运动服，穿舒适的衣服也可以锻炼。"

建议

"我们可以一起去买一些舒适的运动服，这样你锻炼的时候也会觉得更开心。"

"锻炼出汗很不舒服。"

界定概念，消除孩子的顾虑

"你觉得锻炼出汗会让人感觉不舒服，这是很多人都有的感觉。"

举例分析

"出汗是正常的。锻炼后洗个澡会觉得很清爽。"

建议

"我们可以选择强度适中的运动,逐渐增加运动量,这样出汗不会太多,让你逐渐适应锻炼的感觉。"

"我觉得自己运动时很笨拙。"

界定概念,消除孩子的顾虑

"你觉得自己运动时笨拙,可能是因为刚开始不熟练,这很正常。"

举例分析

"每个人刚开始锻炼时都会有些不熟练,但只要坚持下去,就会越来越好。"

建议

"我可以和你一起练习,我们一起进步,这样你会觉得更有信心。"

"锻炼没什么用。"

界定概念,消除孩子的顾虑

"你觉得锻炼没什么用,可能是因为没有看到明显的效果。"

举例分析

"锻炼对身体有很多好处,比如增强体质、提高免疫力、改善心情等。这些效果可能需要一些时间才能显现。"

建议

"我们可以一起坚持一段时间,看看效果如何。你会发现,锻炼会带来很多积极的变化。"

通过这些话术,你可以更有效地与孩子沟通,帮助他们克服不愿意锻炼的理由,从而逐步养成锻炼的习惯。

本章要点总结

■ 孩子不愿意锻炼身体的原因

行为层面

缺乏体力：平时不锻炼，导致运动时容易疲劳。

缺乏技能：不会某些运动项目，缺乏成就感。

社交障碍：不善于与他人合作或不认识运动伙伴。

单调乏味：认为某些运动项目无聊。

认知层面

缺乏认同感：不觉得锻炼身体有必要。

无意义感：认为锻炼身体没有实际意义。

不理解锻炼的好处：不清楚锻炼对身体的好处。

■ 家长的处理原则及沟通策略

第一阶段：启动锻炼身体的行为

弱化教育痕迹：避免说教，将锻炼与孩子喜欢的活动进行绑定。

增加锻炼过程的趣味性：加入有趣的元素。

设计奖励机制：设置小奖池，每次锻炼后给予抽奖机会，提供孩子感兴趣的奖励。

第二阶段：培养锻炼身体的习惯

简化并固化锻炼行为：固定锻炼时间、地点、路线，形成简单易行的锻炼行为。

环境和行为的绑定：将锻炼行为与固定的环境线索进行绑定。

保持行为的简单：保持锻炼行为的简单性，使锻炼成为生活的一部分。

5

第五部分

第 18 章

**孩子做事情
总是拖延，
你该怎么沟通**

案 例

　　一位家长向我们抱怨："我真的烦死了，为什么我们家孩子每天都要我催，上学得催，起床得催，吃饭得催，洗澡得催，写作业也得催。他什么事情都拖延，不到最后关口，坚决不做。明明立好了规矩，却总是能拖就拖，能不听就不听。我看他写作业，真的是气得半死，写一会儿又要喝水，然后又要上厕所，一会儿又要取本书。明明九点钟就能写完的作业，经常拖到深夜一点半。小学生睡这么晚怎么行？现在应该怎么办？"

　　很多家长都遇到过类似的问题。其实，从沟通的视角来看，有效的沟通可以帮助家长解决孩子的这些拖延行为。

关于拖延，家长需要掌握三个关键知识点。

拖延的基础知识：了解什么是拖延，以及其发生机制。

解决拖延问题的基本思路：掌握基本原则、基本策略和一些成功的经验。

与孩子沟通解决拖延问题的方法：学会如何有效沟通，如何改变和矫正孩子的拖延习惯。

什么是拖延

拖延是一个很普遍的现象，每个人在生活和工作过程中都会对某些事情产生拖延行为。拖延的定义是：尽管预料到可能带来的不良后果，但仍然自愿推迟开始某项活动或完成计划好的活动或任务。

这个定义中有几个关键点。

预知后果。例如，孩子明知道马上要开学了，但作业还没有写完，他清楚不写完作业会有不良后果。

自愿推迟。尽管知道后果，但还是选择推迟行动。这种行为就是拖延。

在我们的工作经验中，约有5%左右的孩子在某些方面会表现出拖延行为，特别是在早上起床、写作业等方面。拖延是一个常见且需要引起重视的问题。

孩子做事情总是拖延的原因

从拖延中获益

从心理学的视角来看，孩子在学习或生活上表现出拖延行为，往往是因为拖延让他们自身获益。例如，冬天早上不起床是因为外面寒冷，孩子宁愿待在温暖的被窝里。拖延起床意味着避免寒冷，享受片刻的温暖和舒适。

> **案 例**
>
> 　　小明每天早上赖床，尤其是在冬天。叫他起床要叫好几遍，因为起床意味着离开温暖的被窝、面对寒冷以及开始一天的学习，这些都是他不愿意面对的。赖床给他带来了短暂的舒适感。

　　家长需要了解孩子拖延行为的获益点。如果能找到满足孩子利益的替代方案，拖延行为就会大为减少。

拖延已经成为习惯

　　很多孩子的拖延行为是长时间形成的习惯。习惯是一种自动化的行为反应，是不经过深思熟虑的。例如，早上赖床已经成为一种习惯性的行为反应。

> **案 例**
>
> 　　每次你叫小明7:00起床，他总是自然而然地拖到7:01、7:02，甚至更晚。这是一种自动化的行为反应，他的赖床行为已经成为习惯，不需要理由。

　　如果拖延行为已经持续较长时间，并且形成了固定的行为模式，改变这种习惯需要大量的时间和耐心。

拖延带来高效状态

有时候，拖延行为会带来一种高效状态。当人们发现自己拖到最后不得不做某件事情时，会发现思路特别清晰，效率特别高。这种拖延带来的高效状态其实是由于大脑处于应激状态，调动了全身的资源来解决紧急问题。

> **案例**
>
> 你是否有过这样的经历，当你拖到最后一刻才开始做一件事情时，发现自己的思路特别清晰，效率特别高，任务也完成得很好。这种高效状态其实强化了你未来的拖延行为，因为你发现只有在紧急情况下，自己的效率才会最高。

然而，这种状态首先会让人特别累，因为处于应激状态下的大脑和身体都在超负荷运作。并且，这种状态是不稳定的，人不是每次都能凭着应激状态完美地解决问题，有时还可能因为突发事件而导致无法完成任务。

影响拖延行为的四个因素

孩子对于任务的期待

个体对任务的期待越高，拖延行为就越少。也就是说，如果孩子非常想要完成某项任务，他就不太可能拖延。例如，如果你告诉孩子可以去游乐园玩，他可能马上就会准备好出发，因为这对他来说是很期待的事情。

任务的价值

任务的价值越高，拖延行为就越少。如果孩子认为某项任务对他很重要，他就不太可能拖延。例如，如果孩子认为参加兴趣班的活动对他很有意义，他就会积极参与，尽量不拖延。而对于寒暑假作业，部分孩子因为对寒暑假作业的价值缺乏清晰的认知，容易拖延到最后一刻才去完成。家长可以通过设立阶段性奖励来提高完成作业的价值，例如完成一部分作业后可以获得小奖励，这样孩子就会更有动力按时完成任务。

孩子对时间的敏感性

孩子对于时间的敏感性也会影响拖延行为。例如，说好每天晚上九点钟要写完作业，但孩子对时间不敏感，常常拖到深夜一点半，而且他觉得也没有造成什么不良后果。这种对时间和任务完成界限的敏感性不足，是导致拖延的重要原因。

任务的可实现性

任务的可实现性指的是任务是否容易完成。如果孩子觉得任务难以完成，就会倾向于拖延。家长可以通过帮助孩子分解任务，让每一步都变得更可行，来减少孩子的拖延行为。

家长处理孩子拖延问题的原则

第一个原则：处理拖延问题要看本质

作为心理学教授，我常常思考一个问题，孩子为什么会拖延？究其本质，拖延实际上是一个关于时间选择的问题：是现在做，还是待会儿做。如果家长希望孩子立刻做某件事情，就需要给出充分的理由，清晰地规定截止日期和做事的具体要求。

例如，寒假作业就是一个典型的例子。很多孩子容易在完成寒假作业方面拖延，临近开学了，可能一个字都没写或者写得特别少。这是因为寒暑假作业现在做可以，待会儿做也可以，孩子对完成作业的时间界限不清晰、不敏感，从而产生了拖延的行为。

案 例

小明的妈妈发现他练习钢琴时总是拖延，每次都是在音乐课前的最后几分钟才匆忙练习。她尝试了一种新的方法：每天安排固定的练琴时间，并设置明确的练习目标，例如每天练习半小时，并且在周末前学会一首新曲子。通过这种方法，小明逐渐养成了每天定时练习的习惯，他的拖延行为明显减少，弹奏钢琴的技巧也得到了显著提高。

通过这个案例，家长们可以看到，清晰的时间界限和明确的任务要求可以有效减少孩子的拖延行为。

第二个原则：抓住偶然的拖延行为，把拖延习惯控制在萌芽阶段

"冰冻三尺非一日之寒"，孩子的拖延行为可能最开始只是表现为学习上的拖延。如果家长不及时处理，这种拖延行为会逐渐扩展到其他方面，如起床、吃饭等。因此，家长需要抓住拖延行为最初出现的时刻，及时处理。

第三个原则：明确规则，严格执行

　　孩子的拖延行为往往与家长所制定的规则和对规则的执行力有关。如果家长所制定的规则有主观的灵活性，孩子就会觉得事情是可以商量的，从而产生拖延行为。因此，家长需要制定清晰的规则，并严格执行。

作为心理学教授，我希望通过我的这些思考和以上案例，帮助你了解孩子拖延行为的本质和原因，并提供实际的解决方案。我的思考过程包括分析问题的根源，理解孩子的心理状态，以及制定有效的干预措施。希望家长能够学会这种思考方式，并将之应用于日常生活中，帮助孩子克服拖延行为，养成良好的习惯。

帮助孩子摆脱拖延习惯

如果拖延已经成为孩子的习惯，解决方法就需要更系统和深入。以下的几个步骤可以帮助孩子逐渐摆脱拖延的习惯。

第一步：清除环境条件线索

找出孩子的习惯性行为发生之前的环境条件线索，并清除这些线索。例如，在孩子写作业过程中，书桌是否整洁？每次写完作业后孩子是否能及时收拾好书桌？这些都是需要注意的环境线索。保持书桌整洁可以减少诱发拖延行为的因素。

案 例

小华的妈妈发现他的书桌总是乱七八糟，影响了他写作业的效率。她决定每天晚上和小华一起整理书桌，确保书桌上只有当天需要的学习材料。这一改变帮助小华更专注地完成作业，减少了拖延行为。

第二步：调整行为

直接采取行动，使拖延行为变得不容易发生。例如，可以让孩子先做简单的题目，再逐渐过渡到复杂的题目。这样可以减少孩子遇到难题时的拖延行为。

> **案 例**
>
> 小杰的父母发现他在写作业时总是从最简单的题目开始，然后逐渐过渡到复杂的题目。这样，他在完成简单题目时获得了成就感，增加了完成后续任务的动力，减少了拖延行为。

第三步：切断引起拖延行为的线索和拖延行为之间的关联

在引起拖延行为的线索和拖延行为之间插入新的、积极的行为。例如，当孩子产生了"以后再说吧"的想法时，可以引导他进行简单的判断，是现在做还是以后做，并给出具体的标准。家长还可以设置奖励系统，鼓励孩子按时完成任务。

> **案 例**
>
> 小明的父母为他设立了一个奖励系统，每次按时完成作业，他都能获得一个小奖励。通过这种方式，小明逐渐减少了拖延行为，养成了按时完成任务的习惯。

通过分析孩子拖延的原因，了解其背后的心理机制，并采取相应的策略，家长可以有效地帮助孩子克服拖延习惯，养成良好的习惯。清除环境中的条件线索、调整行为、切断引起拖延行为的线索与拖延行为之间的关联，并建立奖励系统，这些都是行之有效的解决拖延问题的方法。希望家长们能够通过这些方法，与孩子一起，共同面对和解决拖延问题。

如何与孩子沟通拖延问题

当孩子做事情总是拖延时，家长应该如何与孩子进行有效的沟通呢？在这方面，家长需要掌握三个基本原则，以帮助孩子克服拖延习惯。

第一个原则：达成需求一致

家长要了解孩子的需求，同时明确自己的需求，双方要在需求上达成一致，并以结果为导向。例如，孩子赖床的原因可能是因为想多睡一会儿，或者是觉得早晨很冷。如果孩子赖床是由于早晨寒冷，那么家长可以提供保暖的措施，这样孩子赖床的情况就能得到改善。关键是家长要找到孩子的真实需求，并提出具体的解决方案。

案 例

小明的妈妈发现他早上总是赖床，经常因为觉得冷不愿意起床。于是她为小明准备了一件暖和的晨衣和一双保暖的拖鞋，每天早晨叫他起床时，把这些物品准备好。结果，小明起床的时间明显提早了，也不再赖床。

这个案例展示了通过了解孩子的需求并提供解决方案，可以有效地减少孩子的拖延行为。

第二个原则：具体问题具体分析，循序渐进

习惯性的拖延行为需要具体问题具体分析，逐步形成解决方案。家长可以和孩子一起找出特别容易出现拖延行为的具体场景，例如早上不愿意起床、写作业拖延等。然后，让孩子把他在这些场景中的想法、担忧和行为都记录下来，再一起商量解决方案。

> **案 例**
>
> 小杰的妈妈发现他写作业总是拖到最后。于是她和小杰一起分析，发现他在写作业前总是想要休息、看电视或玩游戏。于是他们制订了一个计划：每天写作业前，先休息 10 分钟，然后集中精力完成作业。经过一段时间的实践，小杰写作业时的拖延行为减少了很多。

通过逐一分析具体问题，并制定循序渐进的解决方案，可以帮助孩子逐步克服拖延习惯。

第三个原则：情绪上给予支持与坚定执行

孩子长时间习惯了拖延，无论是写作业还是起床，他们往往会从中获益。当家长要求他们改变时，孩子可能会产生情绪波动。因此，家长需要在情绪上给予无条件的支持和呼应，但在行为要求上要温柔而坚定，毫不妥协。

小华的妈妈发现他早上起床总是拖延，每次叫他起床后，他都会发脾气。她决定改变策略，每次叫他起床时，都温柔地安慰他，但仍然坚定地要求他起床。比如，她会说："妈妈知道你很困，但是我们还是要按时起床。起床后我们可以一起做一些有趣的事情。"慢慢地，小华开始适应了这种改变，起床的时间也越来越早。

这个案例说明了在情绪上给予支持，但在行为上坚定执行，可以帮助孩子逐步改变拖延习惯。

通过达成需求一致、具体问题具体分析、情绪上给予支持与坚定执行，家长可以有效地帮助孩子克服拖延习惯。这些方法不仅有助于孩子在当前的学习和生活中养成良好的习惯，也为他们未来的发展奠定了坚实的基础。希望家长们能够通过这些策略，与孩子一起，共同面对和解决拖延问题。

三五沟通法的应用

让我们通过一个具体案例来看看如何运用沟通技巧帮助孩子克服拖延习惯。

小天的妈妈常常抱怨："烦死了，每天什么事都得催催催，效果还不好，写作业也得催，起床也得催，这可怎么办？"现在请你想想，针对这个问题你有没有一些新的想法和解决方案？如果你能轻松解决这些问题，说明你已经掌握了正确的方法。

我们结合三五沟通法来看看怎么处理这件事情。三五沟通法分为三个阶段，总共用 15 分钟来解决问题。

第一阶段：启动积极情绪，建立良好的沟通关系

在第一个 5 分钟，启动愉悦的情绪，强化亲子关系，进行破冰对话。可以尝试跟孩子说"今天你在学校考了三个 100 分，你是怎么做到的呀？哇，你太厉害了，你在学校学得这么好，是不是特别地专注，自我管理也做得特别好，是这样的吗？"以开启话题。很多家长可能会说，我们家孩子成绩没那么好，该怎么办？这时，可以找孩子感兴趣的话题，找能让孩子心情不错的话题，不管是学习上的，还是有趣的新闻，都可以。讲一个与孩子的拖延行为完全无关的愉快话题，让孩子愉快地跟你聊天，这是第一个 5 分钟要完成的目标。

第二阶段：达成需求上的共识

在第二个 5 分钟，要基于拖延行为，让双方在需求上达成一致，从而使双方在解决问题的目标上达成一致。在沟通中要确认双方所掌握的关于问题的信息是一致的，不要有信息上的偏差和误会。可以允许孩子有不同的观点，但大的方向要一致。用三点一线法来构建沟通的逻辑和内容。例如，你可以跟孩子谈："我发现有时候在家里，我让你做作业，结果要叫好几遍你才开始做。你能跟妈妈讲讲是什么原因吗？你肯定有你的道理，每次我叫你做作业，你都说待会儿再说，需要妈妈怎么说，你觉得效果会更好？你当时脑子里的想法是什么？跟妈妈讲讲。"在这一阶段，要聆听孩子的心声，发现他的需求，在目标上与孩子达成一致。

第三阶段：制定指向未来的解决方案

用第三个 5 分钟制定指向未来的解决方案。确认彼此的需求达成一致，没有重大的分歧，然后便可制定切实可行的行动方案。在这个过程中，你可以跟孩子沟通，例如："以后我们可以这样做：写作业时，第一步先确保桌面是整洁的；第二步列出要写的作业清单，预估需要的学习时间，并列出完成顺序，安排好开始的时间；第三步，可以给自己一个计时器，给每个任务设定时间，完成后打钩。"孩子有时候拖延不是因为他们的态度有问题，而是他们对时间没概念，注意力容易分散。使用计时器能把任务和时间绑定，让孩子的大脑对任务和时间更为警觉，减少拖延的可能性，这是非常有效的方法。

总结

通过这个案例，我们看到三五沟通法在解决孩子拖延问题上的实际应用。家长在与孩子沟通时，需要注意以下几点：

启动愉悦情绪：开始对话时，选择愉快、轻松的话题，让孩子愿意和你聊天。

需求上达成一致：了解并确认彼此的需求，在目标上达成共识，确保沟通的有效性。

指向未来：制定切实可行的行动方案，帮助孩子逐步改进。

这些方法不仅能帮助孩子解决当前的拖延问题，也能培养他们良好的时间管理和自我管理能力，为未来的发展奠定基础。

本章要点总结

■ 孩子做事情总是拖延的原因

从拖延中获益：避免不喜欢的任务，享受短暂的舒适感。

拖延已经成为习惯：自动化的行为反应，习惯难以打破。

拖延带来高效状态：紧急情况下的高效表现，但长期有害。

■ 影响拖延行为的四个因素

孩子对于任务的期待：期待和价值越高，拖延越少。

任务的价值：任务越重要，拖延越少。

孩子对时间的敏感性：时间敏感性不足导致拖延。

任务的可实现性：任务难以完成时更容易拖延。

■ 家长处理孩子拖延问题的原则

原则 1：处理拖延问题要看本质，明确时间和任务要求。

原则 2：抓住偶然的拖延行为，将拖延习惯控制在萌芽阶段。

原则 3：明确规则，严格执行。

■ 如何与孩子沟通拖延问题

原则 1：达成需求一致：了解孩子的真实需求，提供具体的解决方案。

原则 2：具体问题具体分析，循序渐进：逐一分析具体问题，制定解决方案。

原则 3：情绪上给予支持与坚定执行：在情绪上给予支持，但在行为上坚定执行。

第 19 章

孩子学会了说谎，
你该怎么沟通

　　说谎其实在儿童青少年中是非常常见的一个现象。诚信是儿童青少年必须养成的优秀品质。家长如何通过有效的沟通帮助孩子改正说谎的习惯，是非常重要的话题。

案　例

　　有这样一个案例，小雨期中考试已经结束很久了，但小雨的妈妈迟迟没有听到孩子提起考试成绩和排名。有一天，小雨妈妈下班回家，问起孩子的期中考试成绩。小雨告诉妈妈，老师说这次期中考试的试卷不发，也不对成绩进行排名，因此没有下发考试成绩。小雨妈妈看到孩子说话时眼神闪躲，整个人显得紧张，心里就明白，孩子可能没考好，说了谎。妈妈当时没有揭穿她，但心里确实不好受。她并不要求孩子一定要考得特别好，但希望孩子能够诚实。面对孩子开始说谎的情况，妈妈不知道该怎么跟孩子沟通，既不给孩子太大压力，又能让孩子意识到问题的严重性，并改正这个毛病。如果你是小雨的妈妈，你会怎么沟通？你的思路和沟通要点是什么？

本章将从孩子说谎的原因是什么及家长处理的原则和沟通的策略两个方面来给大家讲解孩子如果在生活和学习中说谎了，你该怎么来跟孩子沟通这个话题。

孩子说谎的原因

很多家长会认为说谎的孩子就是不好的孩子，从道德层面、教育层面来对孩子的行为进行分析和教育。但是，从心理学角度分析，孩子说谎涉及其心理方面的变化规律和内心需求。只要我们掌握了这些规律，就能更好地理解孩子说谎的行为，并找到有效的改变方法。

说谎有时也叫欺骗，是指个体在知道事实真相的情况下，为了获得好处或者避免损失，故意地使用言语或者非言语信息使他人产生某种错误认知的行为。

说谎涉及的几个关键要素：

说谎者知道真相，知道什么是事实。

说谎的两个目的——获取好处，或者是避免损失。

是故意的，具有人为主观性的，故意地让别人产生错误的观念。

孩子说谎的原因分析

要理解孩子为什么要说谎，首先需要知道一些关于说谎的科学知识。

1. 心理理论

心理理论（Theory of Mind）认为，人类和其他动物都有理解自己和他人心理状态的能力。这包括对他人的感受、意图和想法的认知。在日常生活中，我们经常通过推测他人的心理状态来预测他们的行为。这种能力使得我们可以通过说谎来影响他人的看法和行为。

通俗解释：想象一下，孩子打破了花瓶，他知道如果承认错误会受到惩罚，所以他说"不是我打破的，是风吹的"。他这样说是因为他知道妈妈会因为这个解释而不责怪他。孩子通过推测妈妈的反应来调整自己的说法。

2. 从生物进化角度分析

从生物进化的角度来看，欺骗是自然界中非常普遍的现象。生物为了生存和繁衍，经常使用各种方式来欺骗其他生物。比如，有些昆虫会模仿其他有毒昆虫的颜色和形状，以避免被捕食。

通俗解释：孩子为了避免被责骂或者为了得到奖励，有时会选择说谎。这就像某些动物为了保护自己，也会采用类似欺骗的手段。

3. 从孩子社会身份的维护角度分析

社会心理学家认为，说谎与维护身份、自我呈现和管理印象有关。我们在日常生活中，常常会通过调整自己的表现和言辞来塑造一个特定的形象，以赢得他人的赞同和支持。

通俗解释：孩子说谎有时是为了在朋友面前表现得更好，或者是为了得到家长的认可和赞扬。因此，他们会调整自己的言辞，让自己看起来更优秀。

孩子说谎的四大原因

理解了以上背景知识后，我们可以具体分析孩子为什么会说谎。

逃避惩罚：孩子可能害怕因为没考好而受到批评或惩罚，所以选择说谎。

寻求认可：孩子希望通过谎言掩盖不足，以获得家长的认可和赞扬。

自我保护：有时候孩子说谎是为了保护自己的自尊心，避免被嘲笑或轻视。

通过这些背景知识，我们可以进一步探讨孩子说谎的具体原因。

总结起来，孩子说谎主要有以下四个原因。

掩饰自己真实的想法和态度。

孩子可能会通过说谎来掩饰他们的真实想法、态度和观念。例如，一个幼儿园的小朋友在被问到"妈妈长得好看还是阿姨长得好看"时，可能会说妈妈好看，即使他可能觉得阿姨好看。这是因为他知道这样说可以避免妈妈的不悦，因此会掩饰自己的真实想法。

获得更多的利益。

说谎可以让孩子获得更多的利益。例如，一个孩子可能会谎称自己完成了作业，以便能够去玩。通过谎言，他能够获得更多的自由时间和娱乐机会。

规避损失和不利后果。

孩子说谎的另一个常见原因是为了规避惩罚或不利后果。例如，在前面的案例中，小雨说谎是为了避免妈妈因成绩不好而责备他。

维护自己的形象。

孩子可能会通过说谎来维护自己的形象。例如，孩子可能会说自己在考试中得了高分，即使实际成绩不理想，因为他希望在家长和朋友面前保持一个好的形象。这表明孩子希望通过谎言来维护自己的自尊心和社会形象。

家长处理的原则和沟通的策略

接下来我们来看看该如何处理孩子说谎的问题，以及如何建设性地解决问题。

关于孩子说谎的问题，如果你平时沟通得当，是可以避免或极大减少的。比如平时可以和孩子立好规矩，家里大事小事都可以和孩子一起商量。孩子说谎的本质是感受到压力，想逃避一些不利的事情，或者让自己获得一些利益。所以，你要和孩子立规矩：任何事都可以和妈妈商量，但是说谎是红线，是家里不认可的行为。

立规矩，明确底线

你应该明确告诉孩子，家里有一条红线，就是不能说谎。比如可以这样说："无论发生什么事，我们都可以一起商量解决，但说谎是不被允许的。"让孩子明白，诚实是家庭中不可动摇的底线。

教导孩子解决问题的多种方法

孩子说谎背后其实有一个需求：他们可能认为说谎是解决问题的唯一方法！但是你可以告诉孩子两句话：第一，虽然说谎看似能暂时解决问题，但它往往会带来更多的麻烦；第二，解决问题有很多其他更好的方法，比说谎更有效、更安全。

　　孩子之所以选择说谎，是因为在他的认知和处理问题的能力范围内，他认为这是最好的应对方式。如果家长能够教会孩子其他解决问题的方法，比如坦诚沟通、寻求帮助、合作等，孩子就会知道还有很多比说谎更好的解决问题的途径。通过学习这些方法，孩子不仅能有效解决问题，还能与家长建立更好的信任关系，并提高自己的应对能力。

举例说明

　　比如，孩子把家里的水杯打碎了，水洒了一地。你听到响声后冲出来问发生了什么，孩子为了避免责骂，就说是小猫一不小心把杯子打烂了。这时你要让孩子明白，不说谎也有解决问题的方法。你可以这样说："如果你承认打碎了杯子，并提出一个解决方案，比如帮忙打扫，事情也能解决得很好。"

让孩子明白说谎的后果

　　孩子说谎时只有一个想法：说谎带来的风险远远小于说真话带来的直接影响。所以你要让孩子知道，说谎的后果比说真话、接受惩罚要严重得多。这样，孩子在未来就会倾向于说真话。你可以给孩子提供丰富的解决问题的选项，让他明白，即使事情做砸了，也有可以接受的解决方案。

约法三章

　　平时可以和孩子约法三章。例如，"如果在家里摔烂了一些东西，只要你承认错误，接受一点小的惩罚，比如洗一周的碗、做一天的家务，这件事就能过去，完全没有必要说谎。但如果说谎，情况就不一样了。"

预防孩子自动化的说谎反应

说谎一旦形成习惯，就可能变成一种遇到事情就自动化说谎的反应。你平时要把做错了事情的性质和后果讲明白，让孩子知道不用说谎也能解决问题。这样，孩子就不会养成遇到问题就自动说谎的反应。通过日常的沟通和教育，家长可以帮助孩子养成诚实的习惯，减少说谎的行为。

通过以上这些策略，你可以有效地帮助孩子认识到说谎的危害，并学会用更好的方法来解决问题。这不仅能培养孩子的诚实品质，还能增强他们解决问题的能力。

家长与孩子约法三章的示例

为了帮助孩子理解诚实的重要性，并避免养成说谎的习惯，你可以与孩子制定明确的规则，进行约法三章。以下是一个具体的操作示例，供家长参考。

约法三章的具体操作示例

背景： 小明不小心打碎了家里的水杯，为了避免责骂，他说是小猫打碎的。

家长的反应如下。

1. 明确规则

家长与孩子一起制定家庭规则，确保孩子明白说谎的后果比承认错误更严重。

2. 解释规则

家长用平和的语气向孩子解释规则，并强调诚实的重要性。

3. 设立惩罚方案

家长与孩子共同商量，设立合理的惩罚方案，确保孩子理解并愿意遵守。

具体步骤如下。

1. 明确规则

家长："小明，我们需要一起制定一些家庭规则。无论发生什么事，诚实是最重要的。我们家里有一条红线，就是不能说谎。"

小明："妈妈，我知道了，但有时候我怕你会生气。"

家长："我理解你的担心，所以我们来约法三章，确保你知道不用说谎也能解决问题。"

2. 解释规则

家长："首先，无论发生什么事，我们都可以一起商量解决。比如，你不小心打碎了杯子，你可以直接告诉我，而不是说是小猫打碎的。"

小明："可是，我怕你会骂我。"

家长："我不会因为你诚实而责骂你，但如果你说谎，我会很失望。我们来设立合理的惩罚方案，确保你知道不说谎更好。"

3. 设立惩罚方案

家长："我们来设立三条规则。第一条，如果你不小心打碎了东西，只要你承认错误，帮忙清理一下，这件事就能过去。"

小明："如果我不小心打碎了杯子，我就帮忙收拾吗？"

家长："对的，我们一起解决问题。第二条，如果你承认错误，我们可以商量一些小的惩罚，比如洗一周的碗或做一天的家务，但不会责骂你。"

小明："那如果我说谎了呢？"

家长："第三条，如果你说谎，会有更严重的后果，比如取消你一周的娱乐时间。说谎不仅不会解决问题，还会让事情变得更糟。"

实际操作中的对话示例

场景：小明打碎了水杯。

家长："小明，发生了什么事？"

小明："对不起，妈妈，我不小心打碎了杯子。"

家长："谢谢你诚实地告诉我。我们一起清理吧。记得我们说好的规则吗？你今天晚上帮忙洗碗，这件事就过去了。"

通过这样约法三章，孩子会逐渐理解诚实的重要性，并学会用正确的方法来面对和解决问题。家长与孩子共同制定规则，并在实际生活中严格执行，可以有效减少孩子说谎的行为，培养他们诚实的品质。

三五沟通法的应用

最后，用三五沟通法来讲讲遇到孩子说谎的情况，如何进行有效的沟通。三五沟通法是一种在 15 分钟内讲透一个主题的方法，分为三个阶段，每个阶段 5 分钟。

第一阶段：启动积极情绪，建立良好的沟通关系

这个阶段的目标是破冰，建立积极的情绪，固化亲密关系。家长可以和孩子谈一些孩子感兴趣的话题，让孩子放松下来。

例如，家长："小雨啊，明天又是周末了，想去哪儿玩啊？你最近在学校有什么开心的事，跟妈妈分享一下。我今天有个事特别逗，妈妈跟你讲一讲……"

通过谈论与将要沟通的事有关或无关的有趣话题，让孩子放松下来，启动孩子积极的情绪。不要直接进入正题，以免引起孩子的防备和反感。

第二阶段：达成需求上的共识

这个阶段的目标是达成一致，减少分歧。

家长可以这样说："小雨，妈妈这段时间也没有关心你的学习，不知道你现在学得怎么样？能不能跟上学校的节奏？考

试只是一个结果，它更多反映的是平时学习的过程和质量。其实在咱们家，虽然妈妈重视考试成绩，但成绩不是判断你努力和用心的唯一标准。我们不能说谎，如果说谎，你自己心里也会紧张、害怕，会有内疚感。妈妈想跟你聊聊，如果你撒谎了应该怎么办。"

通过这样的交流，让孩子明白家长的本意是帮助他，而不是单纯地批评。用温柔的语气、坚定的表达让孩子知道家长不是在宣泄情绪，而是在认真地解决问题。

第三阶段：制定指向未来的解决方案

最后一个 5 分钟，要聚焦未来，提出具体可操作的解决方案。

家长可以这样说："妈妈跟你一起商量一个方案，列出一个清单，写清楚以后遇到这些事情应该怎么沟通？任何事情你只要跟妈妈讲了，妈妈都会和你一起商量解决方案。虽然有些事做错了可能会有小惩罚，比如洗一周的碗、做一天的家务，但妈妈爱你的心是不变的。妈妈也愿意和你一起战胜这些困难。如果你撒谎了，一定要尽快承认错误，跟妈妈沟通，这样我们才能一起解决问题。"

通过三五沟通法，家长可以在短时间内有效地处理孩子说谎的问题，建立起孩子对家长的信任，帮助他们逐步改正说谎的习惯。

18 种最常见的孩子谎言及处理方法

　　说谎的核心目的是避免威胁性后果和不确定的后果，以及获得自己想要的各种好处。家长理解孩子说谎背后的心理特征之后，找到不需要说谎也能解决的方法，孩子说谎的核心顾虑就被直接消除了。以下是常见的孩子说谎的内容及家长可用的具体话术和指向未来的解决方案。

"我没有时间做作业。"

　　当前处理："我需要你确认一下，今天真的没有时间做作业吗？妈妈能理解你觉得时间不够用，但是如果你撒谎，妈妈会非常失望。没有完成作业，我们可以一起找时间补上，妈妈可能会要求你周末不能出去玩，留在家补作业。但如果你选择撒谎，后果会更严重。你再好好想想，是否真的没有时间做作业。"

　　未来建议："以后如果觉得时间不够用，可以提前告诉妈妈，我们可以一起调整时间表，确保你有足够的时间完成作业，不需要说谎。"

"作业忘在学校了。"

　　当前处理："你确定作业真的忘在学校了吗？妈妈理解你可能觉得压力大，但撒谎会让问题更复杂。没有带作业回家，妈妈会让你周末补上，但如果你选择撒谎，妈妈会非常失望。你再好好想想，作业是否真的忘在学校了。"

　　未来建议："以后如果作业忘在学校，第一时间告诉妈妈，我们可以一起想办法解决，不需要说谎。"

"老师说我们这次考试不算成绩。"

当前处理："我需要你确认一下当时老师是不是说过考试不算成绩，别记错了。妈妈能理解你担心成绩不好会让我不高兴，但是妈妈更在乎的是你做一个诚实的孩子。如果这次考试成绩不理想，妈妈会惩罚你这周末不能出去玩，在家学习。但是如果你选择撒谎，那妈妈会非常生气，撒谎的后果会更加严重。你再好好想想当时老师是怎么说的，或者跟同学确认一下。"

未来建议："每次考试后，如果成绩不理想，我们一起找出问题，制订改进计划，不需要撒谎。"

"我不知道今天有测验。"

当前处理："你确定真的不知道今天有测验吗？妈妈理解你可能没复习好，但撒谎会让事情变得更复杂。如果你没准备好测验，妈妈会让你复习更多时间，但撒谎会让后果更严重。你再好好想想，是否真的不知道有测验。"

未来建议："以后如果有测验没准备好，及时告诉妈妈，我们一起复习，不需要说谎。"

"这不是我弄坏的，是小猫弄的。"

当前处理："你确定是小猫弄坏的吗？妈妈理解你可能怕被责怪，但撒谎会让事情变得更复杂。弄坏东西可以修补，但撒谎会让后果更严重。你再好好想想，是否真的不是你弄坏的。"

未来建议："以后如果弄坏了东西，第一时间告诉妈妈，我们一起解决。如果弄坏了东西，可能要帮忙做家务，但撒谎会受到更严重的惩罚。"

"我已经做完作业了。"

当前处理："你确定已经做完作业了吗？妈妈理解你可能

觉得作业太多，但撒谎会让事情变得更复杂。没有完成作业，我们可以一起找时间补上，但撒谎会让后果更严重。你再好好想想，是否真的做完作业了。"

未来建议："每天晚上检查作业，确保都完成了。如果作业很多，提前告诉妈妈，我们一起来分配一下时间。"

"我没有和同学打架。"

当前处理："你确定没有和同学打架吗？妈妈理解你可能怕被责骂，但撒谎会让事情变得更复杂。我们现在一起看看发生了什么，如何解决。你再好好想想，是否真的没有和同学打架。"

未来建议："以后如果和同学有争执，第一时间告诉妈妈，我们一起想办法解决，避免打架。"

"我没有吃零食。"

当前处理："你确定没有吃零食吗？妈妈理解你可能觉得不应该吃零食，但撒谎会让事情变得更复杂。我们需要讨论一下零食的问题，但首先你需要诚实。你再好好想想，是否真的没有吃零食。"

未来建议："以后想吃零食，提前告诉妈妈，我们一起商量一个合理的吃零食的时间表，不需要说谎。"

"我没有拿同学的东西。"

当前处理："你确定没有拿同学的东西吗？妈妈理解你可能怕被责骂，但撒谎会让事情变得更复杂。我们需要讨论一下如何避免误会，但首先你需要诚实。你再好好想想，是否真的没有拿同学的东西。"

未来建议："以后如果拿了别人的东西，第一时间告诉妈妈，我们一起还回去，避免误会。"

"我按时回家了。"

当前处理："你确定按时回家了吗？妈妈理解你可能觉得晚回家会被责骂，但撒谎会让事情变得更复杂。我们需要讨论一下你回家的时间问题，但首先你需要诚实。你再好好想想，是否真的按时回家了。"

未来建议："以后如果晚回来，提前告诉妈妈。如果有事情耽误了回家，打个电话告诉妈妈，妈妈会等你。"

"我没有和坏同学玩。"

当前处理："你确定没有和坏同学玩吗？妈妈理解你可能怕妈妈不让你和朋友玩，但撒谎会让事情变得更复杂。我们需要了解你的朋友，但首先你需要诚实。你再好好想想，是否真的没有和坏同学玩。"

未来建议："以后交朋友前，和妈妈一起讨论一下。妈妈希望你有好朋友，但也要确保你和好孩子在一起。"

"我没有玩手机游戏。"

当前处理："你确定没有玩手机游戏吗？妈妈理解你可能觉得玩游戏不好，但撒谎会让事情变得更复杂。我们需要讨论一下你玩手机游戏的时间问题，但首先你需要诚实。你再好好想想，是否真的没有玩手机游戏。"

未来建议："以后想玩游戏，提前告诉妈妈，我们一起商量一个合理的游戏时间，不需要说谎。"

"我没有看电视。"

当前处理: "你确定没有看电视吗？妈妈理解你可能觉得看电视不好，但撒谎会让事情变得更复杂。我们需要讨论一下看电视的时间问题，但首先你需要诚实。你再好好想想，是否真的没有看电视。"

未来建议: "以后想看电视，提前告诉妈妈，我们一起制定一个合理的看电视时间表。"

"我已经洗过澡了。"

当前处理: "你确定已经洗过澡了吗？妈妈理解你可能觉得洗澡麻烦，但撒谎会让事情变得更复杂。我们需要讨论一下洗澡的重要性，但首先你需要诚实。你再好好想想，是否真的已经洗过澡了。"

未来建议: "洗澡是保持卫生的重要部分。我们可以一起制定一个洗澡的时间表，帮助你养成好习惯。"

"我没有把玩具弄坏。"

当前处理: "你确定没有把玩具弄坏吗？妈妈理解你可能怕被责骂，但撒谎会让事情变得更复杂。我们需要讨论一下如何避免弄坏玩具，但首先你需要诚实。你再好好想想，是否真的没有把玩具弄坏。"

未来建议: "以后如果玩具坏了，第一时间告诉妈妈，我们一起解决。如果弄坏了东西，可能要帮忙做家务，但撒谎会受到更严重的惩罚。"

"我没有打开过电脑。"

当前处理: "你确定没有打开过电脑吗？妈妈理解你可能

觉得不该玩电脑，但撒谎会让事情变得更复杂。我们需要讨论一下玩电脑的时间问题，但首先你需要诚实。你再好好想想，是否真的没有打开过电脑。"

未来建议："以后想玩电脑，提前告诉妈妈，我们一起商量一个合理的使用电脑的时间表。"

"我已经把房间收拾干净了。"

当前处理："你确定已经把房间收拾干净了吗？妈妈理解你可能觉得收拾房间麻烦，但撒谎会让事情变得更复杂。我们需要讨论一下收拾房间的重要性，但首先你需要诚实。你再好好想想，是否真的已经把房间收拾干净了。"

未来建议："我们可以一起制定一个收拾房间的时间表，每天固定时间收拾房间，养成好习惯。"

"我没有抄同学的作业。"

当前处理："你确定没有抄同学的作业吗？妈妈理解你可能觉得作业难，但撒谎会让事情变得更复杂。我们需要讨论一下抄作业的问题，但首先你需要诚实。你再好好想想，是否真的没有抄同学的作业。"

未来建议："以后写作业时遇到困难，第一时间告诉妈妈，我们一起解决，避免抄作业。"

通过这些具体的话术，你可以更有效地与孩子沟通，帮助他们克服说谎的习惯，培养诚实的品质。同时，向孩子明确说明说谎将受到的惩罚和向孩子提供面向未来的解决方案，确保孩子知道说谎的后果，并学会用更好的方式解决问题。

本章要点总结

■ 孩子说谎的四大原因

掩饰自己真实的想法和态度：避免引起他人的不悦或反感。

获得更多利益：通过说谎获取好处。

规避损失和不利后果：规避惩罚或不利后果。

维护自己的形象：维持自尊和社会形象。

■ 家长处理孩子说谎问题的原则和沟通策略

立规矩，明确底线

教导孩子解决问题的多种方法

让孩子明白说谎的后果

约法三章

预防孩子自动化的说谎反应

■ 三五沟通法解决孩子说谎的示范流程

第一阶段：启动积极情绪，建立良好的沟通关系

通过讨论孩子感兴趣的话题，建立良好关系，启动积极情绪。

避免直接进入正题，减少孩子的防备心理。

第二阶段：达成需求上的共识

通过温和语气和坚定内容，减少分歧，达成一致。

强调诚实的重要性，让孩子明白家长的本意是帮助而非批评。

第三阶段：制定指向未来的解决方案

提出具体可操作的解决方案，帮助孩子认识诚实的重要性。

制定清单，约定家庭红线，提供可接受的解决方案。

第 20 章

孩子总是乱发脾气，
你该怎么沟通

　　孩子乱发脾气是一个在儿童青少年中非常常见的现象。家长如果能够掌握一些有效的沟通技巧，不仅可以解决孩子的情绪管理问题，还能提升自己的教育质量和育儿体验。今天，我们就来探讨一下，如果孩子乱发脾气，你该如何思考和解决这个问题，以及如何与孩子进行有效的沟通。

案　例

　　小雨的妈妈最近非常苦恼，因为小雨脾气变得特别暴躁。无论遇到什么不满意的事情，小雨都会发脾气，甚至会摔东西。小雨的妈妈多次尝试和孩子沟通，但每次都以失败告终。尽管小雨在平静时能够理解妈妈所讲的道理，但在情绪爆发时却什么都听不进去。小雨妈妈感到无助，不知道该如何与孩子进行有效沟通。

为什么孩子在情绪爆发时听不进去道理？

要理解这个现象，我们需要了解一些基本的科学知识。当一个人在沟通中要有效听取他人的意见时，需要保持平静的心情。这是因为大脑的前额叶负责理性思考和沟通，但它需要在情绪平和的状态下才能正常运作。

然而，当我们遇到让人激动的事情时，情绪会变得暴躁，这时大脑的前额叶功能会受到影响，从而影响理性分析。简单来说，当孩子情绪爆发时，他们的大脑前额叶无法正常运作，而这部分脑区就像是控制理性思考的开关，一旦情绪激动，这个开关就会关闭，理性思考就无法进行。

想象一下，当你在开车时，突然遇到紧急刹车的情况，这时你的身体会本能地反应，而不是理性思考。这是因为情绪和压力让你的大脑进入了"战斗或逃跑"模式，理性思考的功能暂时关闭了。孩子在情绪爆发时也是处于类似的情形，他们的大脑处于一种应激状态，无法理性地思考和听取意见。

在日常生活中，我们可以观察到，当孩子情绪爆发时，他们会变得固执，无法冷静下来，这时你和他们讲任何道理，他们都听不进去。这并不是他们不愿意听，而是他们的大脑此刻无法处理这些信息。

家长的应对策略

因此，当孩子情绪爆发时，你应该先帮助孩子平复情绪，再进行沟通。比如，可以先让孩子安静下来，或者转移孩子的注意力，等孩子情绪平稳后，再进行理性的讨论。这样，孩子的大脑前额叶功能恢复正常，他们才能听进去道理，进行有效的沟通。

通过这种方式，你不仅可以更有效地与孩子沟通，还能帮助孩子学会如何管理自己的情绪，提高解决问题的能力。

孩子乱发脾气的原因

要有效解决孩子乱发脾气的问题，首先需要理解其背后的原因。下面我们详细分析孩子乱发脾气的几个主要原因。

1. 表达态度和宣泄情绪

孩子发脾气其实是他们表达态度、宣泄情绪的一种方式。当孩子生气时，这往往意味着他们对某件事情不认同或者感到不快乐。这种情绪激动的反应是一种行为上的拒绝，这是他们解决问题的一种策略，同时也是宣泄自己情绪的一种方法。孩子乱发脾气与他们解决问题的能力不足和情绪不稳定有很大关系。因此，家长应将其看作是孩子解决问题的技能和行为层面的问题，而不是道德和人品层面的问题。

> **案　例**
>
> 每次妈妈给小明准备午餐便当时，他就会大发脾气。妈妈尝试与小明沟通，发现小明其实并不是不喜欢那些菜，而是因为在学校有同学嘲笑他的午餐。妈妈理解了这个问题后，和小明一起商量解决办法，比如让小明参与菜谱的选择，这样小明发脾气的问题得到了很大的改善。

2. 家庭环境的影响

孩子乱发脾气往往是受家庭环境的影响。特别是处于幼儿园和小学阶段的孩子，他们很容易模仿家里的大人。如果家长在面对问题时表现得不冷静，经常争吵、吼叫、摔东西，孩子就会学会用同样的方式来应对问题。这种行为模式会在潜移默化中影响孩子的情绪管理能力和问题解决能力。

3. 处理问题的技能不成熟

　　孩子发脾气还可能是因为他们处理问题的技能不成熟，解决问题的能力比较弱。很多时候，孩子发脾气是因为他们的沟通和表达能力不足，或者在面对特别强势、表达能力强的家长时，他们觉得自己的逻辑和表达不如家长，于是只能通过发脾气来宣泄情绪。

家长的沟通策略

要有效解决孩子乱发脾气的问题，家长需要采用以下沟通策略。

1. 先呼应情绪，解决情绪再解决问题

当孩子发脾气时，不要急于解决问题，而是先关注孩子的情绪，让沟通的节奏慢下来。

示 例

"妈妈知道你现在很生气，我们先冷静一下，待会儿再来解决这个问题。"

解析

当孩子感到情绪被理解和接纳时，他们的防御机制会逐渐解除，大脑前额叶会重新启动并恢复理性思考的能力。

通过呼应孩子的情绪，会让孩子感受到被尊重和理解，从而更容易平静下来，愿意继续沟通。

2. 示弱露拙，鼓励孩子表达

家长可以鼓励孩子把事情说清楚，把情绪表达出来，甚至家长也可以示弱，让孩子明白家长也并非无所不能。

示 例

"妈妈有时候也不知道该怎么办，我们一起想办法好吗？"

3. 调整语气和节奏

家长需要在语气上慢下来，把语调降下来，跟着孩子的节奏进行沟通。如果孩子不愿意沟通，家长可以陪伴孩子，让他感受到家长的支持。

示 例

"你现在可能不想说话，妈妈陪你待一会儿，等你想说的时候，我们再聊。"

解析

孩子在情绪爆发时，需要时间来平静自己的情绪。家长的急躁会增加孩子的压力和焦虑，反而不利于问题的解决。

通过调整语气和节奏，家长可以给孩子足够的空间和时间，帮助他们慢慢平静下来，重新建立起沟通的桥梁。

案例分析：小明发脾气的事件

案例背景

小明是一个活泼好动的孩子，但最近妈妈发现他变得特别容易发脾气。每当小明的要求得不到满足时，他就会大喊大叫，甚至摔东西。妈妈尝试了多种方法，包括责骂和讲道理，但效果都不好。

策略应用

1. 先处理情绪

场景：一天，小明因为妈妈没能及时答应带他去公园而大发脾气。

妈妈的回应："小明，我知道你很想去公园玩，现在很生气。我们先冷静一下，好吗？"

2. 鼓励孩子表达

场景：小明依然在哭闹，情绪激动。

妈妈的回应："你这么生气，妈妈也不知道该怎么办了，我们一起想办法，好吗？你能告诉妈妈你为什么这么生气吗？"

3. 调整语气和节奏

场景：小明开始慢慢平静下来，但仍然不愿意说话。

妈妈的回应："你现在不想说话没关系，妈妈会陪着你，等你想说的时候，我们再聊。"

4. 制定行动方案

场景：小明终于平静下来，愿意沟通。

妈妈的回应："妈妈知道你很想去公园，我们下次可以提前计划好。你觉得除了发脾气，还可以用什么方法告诉妈妈你想去公园？"

结果

通过这种方法，小明逐渐学会了如何平复自己的情绪，并用合理的方式表达自己的需求。妈妈也发现，小明的脾气逐渐好转，他们之间的关系也变得更加融洽。

通过这些策略，家长不仅能够有效解决孩子乱发脾气的问题，还能够帮助孩子学会更好的情绪管理和问题解决方法。

正确的沟通方法

正确的沟通方法是将情绪、行为和想法分开来谈，每次只谈一个方面，按顺序进行。

1. 处理情绪

在孩子发脾气时，先关注和处理他们的情绪。通过共情和理解，让孩子感受到被关注和理解。

2. 处理想法

在孩子情绪平静下来后，开始讨论他们的想法和感受。鼓励孩子表达内心的真实想法。

3. 调整行为

最后，讨论如何调整行为，寻找更好的解决方案。

案例分析与具体操作示例

案例：小明乱发脾气不愿意吃饭

情景：

小明每次吃饭时只要发现有不喜欢吃的菜就会发脾气。妈妈试图让他吃完饭，但每次都以争吵结束。

正确的沟通方法

1. 处理情绪

"妈妈知道你现在很不高兴，我们先冷静一下，待会儿再来解决这个问题。"

2. 处理想法

"你可以告诉妈妈,你为什么不想吃这道菜吗?有什么特别的原因吗?"

3. 调整行为

"我们一起想办法,好不好?以后你可以选择你喜欢的菜,但是也要尝试一下新的菜。我们一起做个菜谱,让每次吃饭变得更有趣。"

通过这种分步处理的方法,家长可以帮助孩子学会更好地管理情绪,找到合适的表达方式,同时也能提升亲子关系,营造更加和谐的家庭氛围。

很多家长在孩子发脾气时会感到非常急躁,但这种急躁只会让问题变得更复杂。所以,当孩子乱发脾气时,家长需要耐心、温柔,这样效果会更好。实际上,许多孩子爱乱发脾气是慢慢形成的习惯,家长的反应方式在其中起到了重要作用。

改善孩子乱发脾气的具体方法

1. 汉堡包沟通技术

汉堡包沟通技术是一种有效处理孩子情绪的方法,通过在沟通问题前后都表达对孩子的关心和照顾,来缓解孩子的情绪,让沟通更顺畅。这种方法可以帮助孩子打破乱发脾气的习惯,让孩子学会管理自己的情绪。

孩子发脾气通常是由于某个诱因信息导致的。家长可以在容易引起孩子发脾气的核心事物前后"包裹"一些能让孩子开心或者能体现对孩子关心的事情。这就像一个汉堡包，把容易引起孩子发脾气的事情夹在中间，前后用其他因素包裹，切断直接导致孩子发脾气的导火索。

具体操作步骤如下。

1. 前置情感呼应

当孩子发脾气时，家长先不急于讲道理，而是先关心孩子的情绪。

例如："小明，妈妈看你现在很生气，我们先休息一下，我给你切点水果，好吗？"

2. 缓和情绪

孩子吃着水果，情绪慢慢平复下来，家长也陪着孩子，等他情绪稳定。

在这个过程中，家长没有急于解决问题，而是通过关心和陪伴，让孩子感受到被理解和支持。

3. 后置情感呼应

当孩子情绪稳定后，家长再慢慢引导孩子回到问题上。

例如："现在我们来看看这个作业的问题，妈妈和你一起想办法解决，好吗？"

2. 暂停技术

暂停技术是指在孩子情绪激动时，暂停当前的沟通，给孩子一个缓冲的时间，让他平静下来。情绪激动时，人很难理性地思考和听取建议，因为大脑负责理性分析的部分功能受损。暂停技术让大脑有机会恢复平静，随后才能心平气和地接受建议和想法。

具体操作

暂停和转移注意力。当孩子哭闹或发脾气时，家长停止讲道理，转移话题，甚至转移环境。可以带孩子出去散步、逛超市、喝茶、吃水果，或看会儿电视。待孩子情绪平静后，再继续沟通。

案 例

小丽在购物时因为没得到想要的玩具而大哭。妈妈没有立即讲道理，而是带小丽出去散步，让她冷静下来。回到家后，妈妈再和小丽讨论为什么不能买那个玩具，并一起制定了一个奖励计划。

通过这些具体的沟通方法和策略，家长可以更有效地处理孩子的情绪问题，帮助他们学会更好地管理情绪，并在遇到问题时找到合适的解决方法。

三五沟通法的应用

三五沟通法是一个用 15 分钟来解决具体问题的方法，共分为三个阶段，每个阶段 5 分钟。

第一阶段：启动积极情绪，建立良好的沟通关系

在这个阶段，家长的目标是建立一个良好的沟通氛围，启动孩子积极的情绪。家长可以讲一个与这个事完全无关的有趣话题，也可以讲关于这个话题最轻松的部分，让孩子平静下来。

示 例

孩子开始发脾气时，妈妈可以说："来，妈妈陪你坐一会儿。如果你愿意说，你就说，不愿意说，妈妈就陪着你，不讲话。"通过这种方式，家长用暂停技术来缓解孩子的情绪，让孩子有机会冷静下来。

解析

在孩子情绪激动时，不要急于讲道理。先让孩子的情绪平静下来，才能有效沟通。就像我们成年人一样，我们在情绪失控时无法理性思考，孩子也是如此。先让孩子知道你在乎他，愿意陪伴他，这样才能建立起良好的沟通基础。

第二阶段：达成需求上的共识

这个阶段的目标是让双方的需求达成一致，通过共情和理解来缓解孩子的情绪。

示 例

妈妈可以说："妈妈不知道你为什么这么生气、这么难过，你可以跟妈妈讲讲吗？如果你哭的声音太大，妈妈也听不清你在说什么，你可以讲慢一点。如果你现在不愿意讲，可以先哭一会儿，待会儿想聊了，妈妈在旁边等着你。或者，如果你想单独待一会儿，妈妈也可以暂时走开，待会儿再过来看你。"

解析

通过这种方式，家长与孩子进行共情，等孩子的情绪恢复平静后，他会愿意与你沟通。如果孩子不想说话，可以给他一些可选的灵活的方案，比如写下自己的情绪和想法。孩子的心智不如成年人成熟，当他发脾气时，他需要先平静下来，才能理性地思考和沟通。

第三阶段：制定指向未来的解决方案

在这个阶段，家长和孩子共同制定未来的行动方案，找到替代发脾气的解决方法。

妈妈可以说:"妈妈知道你这么生气一定有原因。你能不能跟我讲讲都有哪些原因?妈妈会仔细学习,看看哪些事是妈妈做得不对。你把能想到的原因都列出来。还有,除了发脾气之外,我们还有哪些解决方法是可行的?都可以写下来,我们逐一商量。这样,未来遇到类似的事,我们就能找到一个替代发脾气的方法,因为发脾气让妈妈也不好受,你自己也难过。我们一起想出解决问题的办法,好吗?"

解析

通过这种方式,家长和孩子共同商量,让孩子知道发脾气不是解决问题的最佳方法,提供具体的替代方案,帮助孩子学会用更好的方式解决问题。这不仅让孩子学会情绪管理,还能增强他们解决问题的能力。

总结

通过三五沟通法,家长可以有效地帮助孩子管理情绪,解决乱发脾气的问题。这种方法既注重情感共鸣,又提供具体的解决方案,让孩子在一个温暖和支持的环境中学会更好的情绪管理和问题解决技能。

在本章节中，我们探讨了孩子乱发脾气的原因和处理方法。以下是 10 个常见的孩子发脾气的具体事例，请你根据本章所学的知识，思考应该如何处理、如何沟通。写下你的处理方案并与实际情况结合，找到最适合你和孩子的方法。

10 个最常见的孩子发脾气的具体事例清单：

- 孩子不愿意收拾玩具，乱发脾气。
- 孩子不想吃蔬菜，拒绝进食并发脾气。
- 孩子因为作业太难而大发脾气。
- 孩子因为要离开游乐场而哭闹。
- 孩子因为没有得到心仪的玩具而发脾气。
- 孩子因为不能看电视而大发雷霆。
- 孩子因为要分享玩具给别人而生气。
- 孩子因为输掉比赛而生气哭闹。
- 孩子因为不能和朋友出去玩而发脾气。
- 孩子因为不想上学而大发脾气。

思考问题

你如何使用汉堡包沟通技术和暂停技术来处理这些情境？

如何在沟通中体现对孩子情感的理解和支持？

怎样引导孩子表达内心真实的想法，并找到解决问题的办法？

通过这些思考和练习，希望你能更好地掌握处理孩子乱发脾气的技巧，改善亲子关系，帮助孩子学会管理情绪和解决问题。

本章要点总结

■ **孩子乱发脾气的原因**

表达态度和宣泄情绪。
家庭环境的影响。
处理问题的技能不成熟。

■ **家长的沟通策略**

先呼应情绪，解决情绪再解决问题。
示弱露拙，鼓励孩子表达。
调整语气和节奏。

■ **汉堡包沟通技术**

前置情感呼应。
缓和情绪。
后置情感呼应。

■ **暂停技术**

暂停和转移注意力。
事后继续沟通。

第 21 章

孩子总是被别人欺负，
你该怎么沟通

案 例

　　小明回到家中，家长发现他的脖子上有一道抓痕，便询问发生了什么。孩子起初不愿说话，但在家长的不断追问下，他开始哭泣，并说放学时和同学打了一架。原来，同学们嘲笑他在学校被老师批评，小明忍无可忍，与同学们争吵起来，最终导致脖子被抓伤。孩子在成长过程中，常常会遇到类似的情况，甚至是更为恶劣的欺凌行为。作为家长，我们该如何与孩子沟通？

　　在当今社会，青少年欺凌现象呈上升趋势，这一点需要我们高度重视。更为关键的是，许多家长在处理孩子被欺凌的问题时，常常不知道如何与孩子进行有效沟通。我经常听到家长对孩子说："在学校不要欺负别人，也不能被别人欺负。如果别人打你，你一定要学会反击。"这样的建议不仅无助于解决问题，还可能让孩子滋生愤怒，心理变得扭曲，成为影响心理健康和引发不良行为问题的隐患。那么，面对孩子被欺负的问题，家长应该如何与孩子沟通，既有效地解决问题，又能保护孩子的心理健康呢？

要解决孩子被欺负的问题，需要从三个方面思考：

- 确认欺凌行为的具体性质及其严重程度，并预判可能的发展态势。
- 掌握家长在解决这些问题时的基本原则。
- 掌握与孩子沟通的基本原则。

确认问题的性质和严重程度

欺凌行为在国际学术界有明确的定义和标准，**包括三个要点：恶意的、故意的、持续存在的。** 欺凌行为可以通过语言、肢体或网络等手段实施，尤其是在新兴社交媒体平台上，出现了许多新的欺凌方式，如网络暴力等隐性欺凌行为，家长需要更加重视。受欺凌者往往会受到身体或精神上的严重伤害。

国家对校园欺凌有明确的定义。根据《未成年人保护法》，校园欺凌是指发生在学生之间，一方蓄意或恶意通过肢体、语言、网络等手段实施欺压、侮辱，造成另一方人身伤害、财产损失或精神损害的行为。2017年教育部联合11个部门印发的《加强中小学生欺凌综合治理方案》也对校园欺凌进行了定义，认为校园欺凌发生在校园内外，学生之间一方单次或多次蓄意或恶意通过肢体、语言、网络等手段实施欺压、侮辱，造成另一方身体伤害、财产损失或精神损失的事件。

很多孩子都会有这样的困惑："我经常被同学取笑或恶作剧，比如抢作业，索要零花钱，强迫做一些我不想做的事儿，这些都让我感到痛苦，我不知道该怎么办。"还有的孩子会问："为什么被欺凌的总是我？我是不是做错了什么？还是因为我有什么地方跟别人不一样？"

针对这些问题，家长可以帮助孩子先确认自己是否真的遭受了欺凌，再谈如何应对。下面，我们来讲讲欺凌行为的四个特征。

欺凌行为的四个特征

蓄意行为。欺凌是一种蓄意的行为，对方故意用某种方式伤害你。这种伤害包括身体上的，如踢打、撞击，以及心理上的，如取笑、取侮辱性绰号、传播谣言和进行恶作剧等。

强弱对比明显。遭受欺凌时，你往往会感到自己没有能力或不知道如何保护自己，也就是说你无法有效反击和抵抗。可以用一个主观的标准来判断：你是否对这些行为感到恐惧，因为你觉得没有办法抵抗。如果只是偶尔发生的争吵或势均力敌的冲突，这不是欺凌。

多种方式。欺凌的方式是多种多样的，包括身体伤害、言语欺凌、关系欺凌、网络欺凌、财物欺凌和性欺凌。例如，身体欺凌包括踢打、推搡等；言语欺凌包括辱骂、威胁、恐吓等；关系欺凌常见于女生的小团体中，通过排挤和孤立来实施伤害；网络欺凌则利用 QQ、微信等网络工具散布伤害性的言论或图片。

重复性。欺凌通常不是一次性的事件，往往会再次发生或有可能再次发生。这会让受欺凌者有一种危机感，觉得欺凌行为会持续。

孩子被欺凌时，家长处理的步骤及沟通策略

当家长确认自己的孩子正在遭受欺凌时，可以按照以下步骤处理。

第一步：卸下孩子的心防，找出问题。

要找出问题，首先需要让孩子愿意告诉你实情。很多孩子不愿意告诉家长自己遭受欺凌，是因为他们对此感到羞愧，或者担心遭到报复，或者认为没有人能帮助他们，告诉家长和老师无济于事。这时，家长需要克制情绪，让孩子知道你在他身边，随时可以倾听并愿意帮助他。

第二步：认真聆听，体会孩子的感受。

家长要克制情绪，尽量不打断孩子的讲述过程，向孩子传递接纳和关怀的情绪。告诉孩子你相信他，并愿意和他一起面对问题。聆听孩子的话，而不是急于给出建议或指令。

第三步：向孩子声明，这不是他的错。

告诉孩子，问题出在欺凌者身上，而不是他自己。孩子可能因为欺凌者的操控而内化错误的信念，认为遭受欺凌是自己的错。家长要帮助孩子建立正确的认知，避免孩子的自尊心受到打击。

第四步：不要鼓励孩子以暴制暴。

家长不应鼓励孩子以暴制暴。解决问题的关键是通过非暴力的方式应对欺凌，这才是成熟和勇敢的做法。家长可以通过实际案例帮助孩子认识到使用暴力不是解决问题的好办法。

第五步：当好孩子的教练，教孩子自我保护和应对的技巧。

与孩子一起制定有效的应对方案，帮助孩子建立自信，学习如何避免欺凌和恢复自尊。例如，对于语言欺凌，孩子可以坚定

而自信地表明自己对欺凌的零容忍态度，明确表示自己不在乎对方的看法，并且不进行反击。

第六步：主动联系学校和老师，合力解决欺凌问题。

如果欺凌问题无法通过家庭内部解决，那么家长应该主动联系学校和老师。根据《加强中小学生欺凌综合治理方案》和《未成年人保护法》，学校有责任和义务处理欺凌事件。家长应与学校合作，确保孩子得到足够的保护。

从孩子的视角看欺凌行为，在遭受欺凌时如何应对

第一步：告诉可信任的成年人。

在遭受欺凌时，第一步是告诉成年人，比如老师或家长。虽然这需要很大的勇气，但这是阻止欺凌的最有效的办法。保持沉默只会让情况变得更糟。老师和家长通常会无条件地相信你，并愿意为你提供帮助。如果你不确定如何向老师求助，可以请家长陪同你一起与老师会谈，讨论解决办法。

第二步：不要用别人的错误惩罚自己。

无论遭遇何种欺凌，请记住，问题在于欺凌者，而不是你自己。欺凌者可能会让你觉得是自己的错，但不要相信他们的借口。任何理由都不能成为欺凌他人的借口。不要因此而自责或尝试通过改变自己来避免欺凌。

第三步：维权不是打回去。

遇到身体欺凌时，不要选择以暴制暴。欺凌者往往是强者，你不仅可能打不赢他们，反而可能会遭受更大的伤害。应尽快告诉成年人，由他们来处理这种情况。暴力只会引发更多的暴力，不是解决问题的好办法。

第四步：应对言语欺凌。

如果遭受的是言语欺凌，不要让对方看到你受伤的反应。表现出你根本不为所动，甚至完全不受影响。例如，可以继续做你手中的事儿，对他们的言语不予理会，或者一笑置之。如果侮辱很直接，你可以断然表达自己的态度："我不在乎你的看法。"也可以通过练习来增强自己在被欺凌时的应对能力。

第五步：使用积极的认知策略。

可以通过积极的自我对话法来帮助自己在困境中保持冷静。例如，当别人对你说脏话时，你可以努力回忆过去美好的事情，或想着自己特别向往的事情，从而让自己产生良好的自我感觉，避免情绪受到对方的影响。

第六步：寻求专业的帮助。

如果欺凌导致了严重的心理和情绪问题，应及时寻求专业的心理辅导。家长和老师可以帮助孩子联系专业人员，为孩子提供必要的支持。

孩子受到欺凌，家长与孩子沟通时的注意事项

接下来我们来看看孩子总是被别人欺负，家长与孩子沟通时要注意哪些方面，才能使沟通效果比较好。所谓的效果就是既能解决孩子被欺凌的这个现实的问题，又能够解决孩子因受欺凌而可能形成的长期的心理上的负担和影响。

第一点是与孩子建立情感的联结，让孩子敢跟家长讲真话，讲真实情况，既不夸大事实，也不隐瞒信息。很多时候，孩子向家长讲述自己受到欺凌也会有负担。为什么呢？孩子主要担心两个方面：第一是担心你笑话他；第二是担心你过度地愤怒，由此

造成一些他不可控或他不愿意看到的结果。比如，担心你会去打其他的孩子，去责骂其他的孩子，或者告诉老师，这些可能是孩子不想看到的。因此，在这个阶段你要给孩子一个感受，让他可以放松下来，让他能够跟你讲实话。你可以跟他一起来商量解决问题的方法，让他觉得他对于这个问题的结果是可控的，让他能够放松下来，没有戒备，能够去跟你讲实话。

第二点就是与孩子沟通，确认孩子被欺凌的频次和事情的性质及严重程度。根据真实、具体的行为信息来进行评估，而不是根据主观的评价。也就是说，家长应具体了解：到底发生了什么？有多少次？对方做了什么？孩子做了什么？这些信息要足够准确和客观，同时，家长也不要表现出太多的负面情绪。因为只有你跟孩子都保持冷静，你才能够知道到底发生了什么。

第三点，家长听到孩子被欺负，很可能会非常愤怒。因此，家长的愤怒及孩子的愤怒都是需要被处理的情绪。不然的话，你带着情绪去做决定，去处理问题，很容易产生一些失控的、不理性的行为。如果你的情绪能平静下来，并且接纳孩子的情绪，接纳他的顾虑，给孩子提供一些解决问题的方法和情感上的支持，孩子就会把你当作他的支持者和帮助他解决问题的伙伴。

第四点，处理的步骤叫作分级处理。什么叫分级处理呢？如果是特别严重和恶劣的欺凌行为，那就是处理问题在先，解决情绪和心理问题等在后。即：如果孩子遭受了特别严重的欺凌，家长该及时报警和告诉老师，走规范的处理流程，使用法律武器来解决这个问题。如果这个问题没那么严重，比如小朋友们常有的一些小的冲突，或者说一些吵闹、打架等行为，你预判后认为并没有造成严重的后果，这些行为也不会长期存在，孩子自身也没有觉得受到了多大的打击或十分委屈，这时，可以通过跟孩子沟通来进行处理。处理方式包括：告诉对方的家长，请老师介入并从中协调，加强与同伴的关系等。处理欺凌问题的一个基本的原则就是先判断问题的性质、恶劣程度，再有针对性地提出一些解决的计划和策略。

孩子总是遭到别人的欺负，家长该怎么与孩子沟通？

家长在沟通时有三大基本原则。

了解孩子需要什么。了解孩子的需求非常重要。在这个阶段，要了解孩子是需要情感支持，还是需要你帮他直接解决问题，或者希望自己尝试解决？有时家长会按自己的方式解决问题，而忽略了孩子的真实需求。你需要给孩子树立一个强大的榜样，同时保持温和的情绪状态，让孩子觉得你是可以信任和依赖的。

示范和建议。给孩子一些示范和建议，帮助孩子在家中进行练习。例如，让孩子重现平时受到欺负的场景，通过家庭成员的参与，讨论解决问题的方法。反复练习，确保孩子能在真实环境中应用所学的方法。

鼓励孩子在真实场景中练习。例如，孩子因肥胖而被嘲笑，你可以给他具体的应对建议，并鼓励他在真实环境中练习。这能帮助孩子逐渐建立自信，学会应对欺凌。

三五沟通法的应用

家长可以使用三五沟通法与孩子进行沟通，具体如下。

第一阶段（5分钟）：启动积极情绪，建立良好的沟通关系

家长可以说："妈妈看你的脖子上有一道抓痕，今天发生了什么事？你愿意跟妈妈讲讲吗？没有什么问题是解决不了的，妈妈始终都支持你。"家长还可以通过讲述自己小时候的类似经历来缓解孩子的羞愧感和顾虑。

第二阶段（5分钟）：达成需求上的共识

家长可以说："今天你被批评已经很难受了，被同学嘲笑更让你难过。我理解你的愤怒，你做得很好，勇敢地站出来很了不起。你有动手吗？如果你动手了，以暴制暴并不是最好的方法。我们可以找老师或家长一起来解决这个问题。"通过讨论和倾听，与孩子达成共识。

第三阶段（5分钟）：制定指向未来的解决方案

家长可以与孩子演示假设场景，练习应对欺凌的方法。家长可以跟孩子说："如果以后再发生这种事，你该怎么说？我们来演练一下。"通过反复进行角色扮演和讨论，帮助孩子建

立解决问题的信心。

　　最后，与孩子进行角色扮演，体会欺凌者的心态，家长示范如何不被他人所影响。反复练习，让孩子在情感上得到支持，行为上得到示范。确保孩子能够在真实环境中应用这些方法，有效应对欺凌。

　　通过以上步骤和方法，家长可以帮助孩子有效应对欺凌，建立自信，学会保护自己，避免心理和行为问题的产生。

案例

小红回家后情绪低落，妈妈发现她的手臂上有几道抓痕。经过追问，小红告诉妈妈，她在学校被几个同学围攻，因为她拒绝给他们做作业。同学们嘲笑她，推搡她，还抢走了她的书包。小红感到非常委屈和无助。

请按照本章的处理原则与沟通策略，思考如何与小红沟通，并解决她遇到的问题。请考虑以下几个问题：

你会如何引导小红说出事情的经过？

你会如何安抚小红的情绪，让她感到被理解和支持？

你会如何帮助小红确认欺凌的性质和严重程度？

你会给小红哪些具体的应对建议，帮助她在未来类似的情境中保护自己？

如果问题不能在家庭内部解决，你会如何与学校和老师合作，确保问题得到妥善处理？

请家长根据上述问题，详细写出自己的处理思路和具体的沟通策略。

本章要点总结

■ 欺凌行为的四个特征

蓄意行为：故意用某种方式困扰或伤害对方。

强弱对比明显：受欺负者感到无法反抗。

多种方式：包括身体伤害、言语欺凌、人际关系欺凌等。

重复性：欺凌行为通常不是一次性事件。

■ 家长处理步骤及沟通策略

步骤 1：卸下孩子的心防，找出问题

情感联结：让孩子感到被理解和支持。

保持冷静：避免情绪化反应，确保孩子愿意讲实话。

步骤 2：认真聆听，体会孩子的感受

传递接纳和关怀：表达对孩子的理解和支持。

减少打断：倾听孩子的诉说，避免急于给出建议。

步骤 3：向孩子声明，这不是他的错

明确责任：告诉孩子问题在欺凌者身上。

帮助建立正确认知：避免孩子自责。

步骤 4：不要鼓励孩子以暴制暴

非暴力应对：强调解决问题的非暴力方式。

通过案例教育：说明暴力不是解决问题的好办法。

步骤 5：当好孩子的教练，教孩子自我保护和应对的技巧

制定应对方案：与孩子一起制定具体的应对措施。

建立自信：帮助孩子学习如何避免危险和恢复自尊。

步骤 6：主动联系学校和老师，合力解决欺凌问题

与学校和老师共同努力，确保孩子的安全。

利用法律和学校政策保障孩子的权益。

■ 从孩子的视角看欺凌行为，如何应对欺凌

步骤 1：告诉可信任的成年人

勇敢求助：告诉老师或家长，寻求帮助。

避免沉默：保持沉默只会让情况更糟。

步骤 2：不要用别人的错误惩罚自己

明确责任：欺凌者的问题，不是自己的错。

避免自责：任何理由都不能成为欺凌的借口。

步骤 3：维权不是打回去

非暴力应对：避免以暴制暴，防止更大伤害。

寻求成年人帮助：告诉老师或家长处理。

步骤 4：应对言语欺凌

表现冷静：不显示受伤反应，表现出不在乎。

坚定态度：明确表示不在乎对方的看法。

步骤 5：使用积极的认知策略

积极自我对话：通过积极的自我对话保持冷静。

回忆美好事物：分散注意力，保持良好情绪。

步骤 6：寻求专业的帮助

心理辅导：如果严重，应及时寻求专业心理辅导。

家长和老师支持：联系专业人员，为孩子提供支持。

■ 家长如何与孩子沟通

第一点：与孩子建立情感联结

让孩子敢讲真话：建立信任，确保孩子感到安全。

减少戒备：让孩子放松下来，愿意讲实话。

第二点：确认欺凌行为的频次和严重性

用真实信息表达：准确描述发生的事情。

保持冷静和平静：避免负面情绪影响沟通。

第三点：处理彼此的情绪

接受孩子的情绪：接纳孩子的委屈和愤怒。

提供情感支持：帮助孩子处理复杂情绪。

第四点：分级处理

严重的欺凌行为：报警或告诉老师，走规范流程。

小冲突：通过沟通和调解解决，加强同伴关系。

第 22 章

孩子太懒，
你该怎么沟通

　　你是否也曾无数次感叹，为什么孩子总是那么懒散？也许你已经习惯了这样的场景：孩子明明已经听到了你的要求，却依然赖在沙发上，盯着屏幕，不愿挪动哪怕一步。无论是锻炼身体、完成作业，还是帮忙做家务，很多家长都会抱怨孩子越来越懒，毫无动力。为什么会这样呢？作为父母，我们该如何应对这种情况呢？

　　首先，我们要了解这种懒惰现象背后的原因。有时候，孩子表现得懒散可能不仅仅是单纯的不愿意动，而是反映了更深层次的问题。也许他们感到任务过于困难，或者他们缺乏完成任务的兴趣和动力。我们需要做的，是找到导致这些懒散行为的根本原因，并针对性地采取措施。

　　接下来，我们将探讨如何通过有效的沟通和引导，帮助孩子培养主动性和责任感，让他们学会自我激励和管理自己的行为。

小雨的妈妈最近特别苦恼，因为小雨几乎什么事情都不愿意做。让她吃完饭收拾一下桌子，小雨却一动不动，说不想动。饭后，她就瘫在沙发上发呆，什么也不做。即使是周末，妈妈想带小雨出去玩，哪怕去她最喜欢的娱乐城，小雨也不愿意动，说哪里都不想去，表现得特别懒。孩子妈妈因此非常发愁，不知道该怎么办。

假如你是小雨的妈妈，你会怎么处理这个问题？如何与孩子沟通才能让她愿意行动起来呢？

我们先从小雨的角度来看这个问题。她的懒散行为可能并不仅仅是因为她不愿意动，而是因为她在某些方面感到有压力或缺乏动力。小雨可能觉得做家务或出去玩没有吸引力，或者她可能在学校或生活中感到疲惫，导致她没有精力去做这些事情。

要应对孩子的懒散行为，我们需要从两个方面入手：

第一，明确所谓的"懒散"行为是什么。家长需要具体界定这些行为，了解哪些行为被认为是懒散的，以及导致这些行为出现的背后的原因。

第二，家长需要采取有效的处理方式。家长行动的原则和沟通的基本策略包括设定清晰的目标，给予适当的鼓励和奖励，以及通过积极的沟通帮助孩子理解责任感和主动性的重要性。这些策略可以帮助孩子逐渐减少懒散行为，培养更积极的生活态度。

什么是"懒"

　　先来分析一下家长所谓的孩子做事懒的概念是怎么来的。首先，"懒"其实是一种主观的评价，是家长通过观察孩子的行为得出的印象。实际上，这种懒惰的表现可以分解为两方面。

　　行为层面：孩子表现得退缩，不愿意动手，不愿意做事，减少了很多正常的活动和行为。

　　观念层面：孩子认为某些事情没必要做，持有消极的态度和想法。

　　因此，"懒"并不是客观存在的，而是家长对孩子若干行为的主观评价。重要的是理解这种懒惰的表现背后的原因，才能有效应对和帮助孩子改进。

孩子做事懒的原因

　　你经常觉得孩子做事懒，要想了解为什么孩子做事懒惰，首先得知道：懒惰是什么意思？什么是懒惰？

　　在心理学领域，懒惰通常被定义为一种行为倾向，即在面对需要付出努力的任务或活动时，个体缺乏动力或意愿去完成它们。这种行为不仅仅是暂时的疲劳或不愿意行动，而是一种持续的状态或习惯。

　　简单来说，懒惰就是当我们遇到需要努力的事情时，不愿意去做。比如，明明知道需要完成家庭作业，却总是找各种理由拖延；或者，明明知道锻炼身体有益健康，却总是懒得去做。

　　懒惰并不是一种固定不变的性格特质，而是可以通过一些方法和策略来改变的行为模式。

为什么有的时候你会觉得孩子比较懒呢？这里有几个比较重要的常见原因。

第一个原因是长期的家庭教育出现了问题。很多孩子从小被家长养得比较娇惯，家长什么事都不让孩子做，包办一切。因此，在行为方面，孩子没有养成勤动手的习惯。

第二个原因是要做的事情的难度超过了孩子的能力范畴。之前有个动物实验，我们把一只猴子关在一个大的房间里面，在屋顶吊一个香蕉。香蕉的位置比较高，那只猴子能看见，但是摸不着，跳起来也摸不着，而且差得还特别远。猴子特别想吃这个香蕉，所以他会拼尽全力去跳，去够这个香蕉。但是猴子发现不管它怎么努力，它离那个香蕉都特别远。在这种情况下，当猴子连续跳了三五次之后，发现即使拼尽了全力，还是吃不到香蕉，猴子就会感到绝望。

这在心理学上叫作无望感，一旦产生这种无望感，人在行为上就会处于一种假死状态，就是不想行动。只要是他觉得没有用、没有意义、不可能办到的事他都不会去做，而且他尝试行动的兴趣和频率会极大地减少。所以有的时候家长说孩子太懒了，可能是因为这个事孩子做不好、不太会做，从而退缩。这是孩子做事懒的一个很重要的原因。

第三个原因是孩子的情绪状态不佳。很多时候孩子的情绪不对，他就不愿意做一些事情。比如说情绪比较抑郁、情绪低落，在这种情况下孩子什么事都不想做。或者在愤怒时，他就想跟你对着干，你越让他做他越不做。因此，情绪平和，甚至是比较愉悦，是孩子做事情能够比较积极的一个情绪的前提。

第四个原因是家长的引领示范作用。很多家长上了一天班可能也很累，在回到家之后就想休息休息，想瘫在沙发上坐一会儿。孩子没有看到你辛苦地工作一天的场景，他只看到你回到家就瘫在沙发上刷手机的场景，所以他就学会了用这种方式来生活。所以家长的示范的作用真的对孩子有很大的影响。

家长的处理原则

为了有效地处理这个问题，作为父母，我们需要采用一种坚定而温和的方式。这意味着在设定明确的规则的同时，也要理解孩子的感受，给予他尊重和支持。

以孩子不愿意分担家务和外出活动不积极的问题为例，我们来看看家长处理孩子做事懒的问题的基本原则。

建立合理的期望和规则。与孩子一起制定家庭规则，让他明白每个人都有责任分担家务。你可以和他一起讨论并决定每个人的任务，这样他会感到自己有参与感和控制感。

逐步增加任务的难度。如果孩子对某些任务感到困难，可以先从简单的任务开始，然后逐步增加难度。这样可以帮助他建立信心和习惯。

提供积极的反馈和鼓励。当孩子完成任务时，及时给予肯定和鼓励，强调他的努力和贡献。比如，当他收拾了桌子，你可以说："谢谢你帮忙收拾桌子，你做得很好。"

理解孩子的情感需求。有时候，孩子的懒散可能是因为他在其他方面感到不安或有压力。与孩子进行开放的对话，了解他的感受和想法，帮助他解决潜在的问题。

创造有趣的活动。为了让孩子对外出活动感兴趣，可以尝试将活动与他的兴趣结合起来，或者让他参与活动的设计中来。例如，你可以说："我们一起去公园，然后你可以选择我们要玩的游戏。"

孩子做事懒，家长的沟通策略和应对方法

孩子总是太懒，家长可以用什么沟通技巧和策略来解决这个问题呢？

我们首先要认识到，懒惰是一种行为状态，而不是一个人的本质。所以，家长在沟通和教育时，要聚焦于孩子的具体行为，而不是攻击孩子的个性。比如，当孩子早上不起床时，不要说"你真懒"，而可以说"你今天早上起床有点晚了"。这样的表达方式可以让问题变得具体和可解决，而不是将懒惰标签化为孩子的永久性格。

家长的沟通策略

聚焦行为，避免攻击人格

当孩子表现得懒惰时，家长应当指出具体的行为问题，而不是对孩子的人格进行批评。这样可以避免孩子产生抵触情绪，也让问题更容易解决。例如，家长可以说："你今天没完成作业，这样会影响你的学习进度。"而不是说："你总是这么懒，什么都不做。"

达成共识，给予弹性选择

与孩子共同制定可行的规则，给予他们一定的自由度和弹性。例如，晚饭后散步这件事，可以设定在晚饭后的 20 分钟内完成。孩子可以选择立即去散步，也可以稍微休息一下再去，但最终必须在规定时间内完成。这样既让孩子有了自主选择的权利，又能确保任务的完成。

将任务分解为具体的行为

家长可以将任务具体化，将任务拆分为具体的行为。例如，

将"做家务"具体化为"洗碗""整理床铺"等小任务。每完成一项任务，可以给予孩子适当的奖励和表扬，增加他们的成就感和动力。

其他应对方法

使用汉堡包沟通技术

在孩子不愿意做的事情前后插入一些快乐的元素，形成"快乐－任务－快乐"的组合。例如，在孩子开始写作业前，可以让他们玩一会儿喜欢的游戏，并在完成作业后再给他们一个小奖励。这样可以减少任务带来的负面情绪，增加任务的可接受性。

示范与参与

家长可以通过与孩子共同参与任务来示范正确的行为。例如，和孩子一起整理房间，完成后给予他们表扬和物质奖励。通过家长的示范，孩子可以更容易理解并接受任务的要求。

习惯的矫正

如果懒惰行为是一种习惯，那么可以按照科学的方法来进行矫正。逐步增加任务的难度和频率，给予及时的反馈和奖励，帮助孩子养成积极的行为习惯。

通过这些具体的方法和策略，家长可以有效地帮助孩子克服懒惰，培养积极的行为习惯。这不仅有助于孩子的成长和发展，也可以增强家庭的和谐。

三五沟通法的应用

最后，让我们用"三五沟通法"来讲讲如何有效地与孩子沟通，帮助他们克服懒惰。这种方法将沟通分为三个阶段，每个阶段 5 分钟，总共用 15 分钟来解决一个主要话题。

第一阶段：启动积极情绪，建立良好的沟通关系

在这个阶段，家长首先要让孩子进入一个愉快的情绪状态并与孩子建立亲密的关系。请找到孩子最喜欢做的事情，把它作为破冰活动。例如，小雨的妈妈可以说："小雨，妈妈订了密室逃脱的票，明天我们约上小朋友们一起去玩吧。"这种互动不仅能让孩子感到快乐，还能拉近亲子关系，为接下来的沟通奠定基础。

第二阶段：达成需求上的共识

接下来，家长与孩子一起讨论当前的问题，了解孩子的感受，避免沟通中出现重大的分歧。家长可以这样说："小雨，妈妈看你最近总是做什么都不想去，总是躺在沙发上。你能跟妈妈讲讲你躺在沙发上时在想什么吗？是因为你不喜欢课外班，还是觉得生活很无趣呢？妈妈也反思了，可能之前对你的要求太高了，比如打球，总是把它变成你的一项任务。未来妈

妈会做调整，我们一起来商量解决这些问题，好吗？"在这个阶段，家长要倾听孩子的声音，理解他们的需求，避免过多指责。

第三阶段：制定指向未来的解决方案

最后，家长和孩子一起制订一个可行的行动计划。家长可以这样说："小雨，你现在也已经是小男子汉了，可以为自己做规划。妈妈会做你的支持者和助手。在生活中，我们一起商量着来，你可以自己安排。我们可以列个清单，比如我们要做这些事儿，你可以在里面选一些你感兴趣的，但一定得选。你觉得这样好吗？"给孩子一些选择的空间，让他们感受到自己的重要性和拥有自主选择权。

通过三五沟通法，家长不仅能有效地与孩子沟通，还能帮助孩子逐步改变懒惰的行为，培养积极的生活态度。

家长练习题

为了帮助家长更好地理解和应用我们所讨论的方法，这里提供一个小练习。在周末，家长可以挑选孩子最感兴趣的一件事，不管是一个游戏还是一项娱乐活动，并按照以下步骤进行操作。

步骤一：识别孩子的兴趣。

首先，观察并识别孩子最感兴趣的活动。例如，如果孩子喜欢拼乐高，或者对某款游戏非常着迷，就可以选择将这个活动作为切入点。

步骤二：与孩子进行互动。

家长可以这样对孩子说："这个周末，我们一起玩你最喜欢的游戏／活动吧！"通过这种方式，家长不仅能让孩子感到兴奋，还能与孩子建立良好的亲子关系。

步骤三：观察孩子的状态。

在参与活动的过程中，仔细观察孩子的状态。注意孩子在做自己喜欢的事情时的积极性和投入度。家长可以记录下孩子表现出的兴趣和活力。

步骤四：引导讨论。

在活动结束后，家长可以引导孩子进行讨论。例如："你刚才玩得很开心，你最喜欢这个游戏的什么地方呢？"通过这种方式，家长可以更深入地了解孩子的兴趣。

步骤五：设计结构化的解决方案。

接下来，根据观察和讨论的结果，家长可以设计一个结构化的解决方案，帮助孩子将这种积极性应用到其他任务中。

以下是解决问题的具体步骤。

定义任务： 选择一个需要孩子完成的任务，例如整理房间或做作业。

关联兴趣：将任务与孩子的兴趣关联起来。例如，如果孩子喜欢拼乐高，可以在整理房间时设定一个"小挑战"，让孩子通过完成任务赢得拼乐高的时间。

设定奖励：为孩子完成任务设定一个明确的奖励，这个奖励应该与孩子的兴趣相关。比如："如果你能在半小时内整理好房间，我们就可以一起拼乐高。"

实施过程：家长可以与孩子一起制订一个计划，并陪伴孩子完成任务。在完成任务的过程中，家长应给予孩子适当的鼓励和指导。

反馈与总结：在任务完成后，家长要及时给予正面的反馈和表扬，并总结这次体验，让孩子获得成就感和满足感。例如："你今天做得非常棒，房间整理得很整洁，现在我们可以一起拼乐高了！"

总结

通过这个练习，家长可以更清楚地看到，要解决孩子懒惰的问题其实是要找到他们的兴趣所在。当孩子从事他们感兴趣的活动时，他们往往会表现出更高的积极性，并且更有动力。因此，家长只要更多地寻找孩子感兴趣的话题和任务，并将其与日常的活动和任务结合起来，就可以有效地减少孩子的懒散行为。

这个练习不仅可以帮助家长理解如何通过孩子的兴趣来激发他们的积极性，也提供了一个结构化的思考框架和具体的操作步骤。希望家长们能够从中受益，并在实践中不断优化自己的教育方法。

本章要点总结

■ 孩子做事懒的原因

家庭教育影响：被过度保护和包办，缺乏动手动脑的机会。

任务难度过高：感到任务难以完成，产生无望感。

情绪状态不佳：情绪低落或愤怒时，不愿行动。

家长的示范作用：家长行为示范懒惰，孩子模仿。

■ 家长的沟通策略和应对方法

聚焦行为，避免攻击人格：具体指出行为问题，不攻击人格。

达成共识，给予弹性选择：与孩子共同制定规则，给予一定自由度。

将任务分解为具体的行为：将任务具体化，分解为小任务。

使用汉堡包沟通技术：任务前后插入快乐元素，形成"快乐 – 任务 – 快乐"组合。

示范与参与：家长参与任务，示范正确行为。

矫正习惯：逐步增加任务难度和频率，给予及时反馈和奖励。

第 23 章

孩子不讲礼貌，
你该怎么沟通

在现代教育中，文明礼貌这个优秀品质的培养，大部分家长都是非常重视的。那么如果孩子出现了不讲礼貌、不文明的行为，家长该怎么来沟通效果比较好呢？

我们可以从两个方面来解决这个问题。第一个方面是了解孩子不讲礼貌的核心原因，第二个方面是掌握在孩子不讲礼貌时的沟通和处理的基本策略。

什么是礼貌行为

礼貌行为是指孩子在日常生活中表现出的尊重他人、友善待人和体谅他人的行为。礼貌行为的表现形式多种多样，可能是为别人开门，认真倾听别人说话，或者在对话结束时说一句"谢谢"。尽管这些行为看起来微不足道，但它们对孩子的成长和社交能力的发展有着重要影响。

孩子讲礼貌的重要性

建立良好的人际关系

礼貌行为可以帮助孩子在生活中建立和维持良好的人际关系。例如，当孩子学会使用礼貌用语，如"请""谢谢""对不起"等时，他们能够更容易地与他人建立亲密的联系。

增强社交能力

礼貌行为能提升孩子的社交能力，使他们在各种社交场合中都能自如应对。例如，孩子如果在学校中学会尊重老师和同学，就能够更好地融入集体生活。

促进自我成长

礼貌行为也有助于孩子的自我成长和人格发展。当孩子习惯于体谅和帮助他人时，他们会逐渐形成积极的生活态度和良好的行为习惯。

孩子不讲礼貌的外部原因分析

孩子在学校、在家中不讲礼貌可能与整体的环境氛围有关。孩子是一个具有社交属性的人，他们在家、在校看到的现象和感受到的整体氛围影响着他们是否讲文明、讲礼貌。孩子不讲礼貌大致有三个方面的外部原因。

家庭氛围的影响

如果家人之间没有基本的礼节，做事情没有规矩，孩子很难形成讲文明、讲礼貌的意识和行为。尤其是当家长不以身作则，在礼节方面对孩子没有明确的要求和规则时，孩子难以养成讲礼貌的习惯。许多家长觉得只要孩子不惹事就行，甚至在孩子小的时候，对他们淘气、顶撞家长和犯小错误的行为毫不在意，认为这很可爱。长期下来，孩子不讲礼貌的问题就会凸显出来。

学校引导不足

如果学校没有良好的引导和教育，没有像教授知识一样系统地让孩子进行规则意识、文明礼仪知识的学习和训练，孩子也很难在这些方面有所提高。

社交圈子的影响

孩子与什么样的人玩，在学校、在生活中与什么样的人交往，严重影响了他们是否讲文明、讲礼貌。

孩子不讲礼貌的核心原因分析

自尊心受损

教育孩子时最不能做的是损伤他们的自尊心。许多家长经常羞辱孩子，损伤他们的自尊心，导致孩子破罐子破摔。自尊是孩子的心理骨架，一旦自尊受损，他们的精气神都会受到影响，不再在乎别人对他们的看法，从而容易表现出不讲礼貌、不重视自己形象的行为。

行为控制能力弱

在儿童和青少年的成长过程中，他们的认知控制能力还在发展过程中，处于不成熟状态。而孩子的行为控制能力和规则意识较弱会导致孩子行为失控。

规则意识薄弱

规则意识较弱是孩子不讲礼貌、没有文明礼貌习惯的重要原因。许多孩子没有吃过亏，不知道哪些行为是红线，什么都敢做，不明白哪些行为会对他们造成影响。因此，对处于儿童阶段的孩子，需要重点培养他们的规则意识。

案例分析

针对本章开头的案例，出现案例中的情况可能是因为乐乐在家没有看到良好的礼节示范，学校缺乏有效的礼貌教育，再加上他自尊心受损，导致行为控制能力和规则意识都较弱。

家长的处理原则

面对孩子不讲礼貌的问题，家长可以从以下几个方面进行沟通和引导。

以身作则

家长在日常生活中要以身作则，展示良好的礼貌行为，如使用礼貌用语，尊重他人。

设定规则

为孩子设定明确的礼貌行为规则，例如：在别人说话时要认真听，在他人需要帮助时主动提供帮助，使用"请"和"谢谢"等文明用语。

关注孩子的情绪

关注孩子的情绪和心理健康，及时与他们沟通，了解他们的感受，给予孩子支持和帮助。

积极反馈

当孩子表现出礼貌行为时，及时给予肯定和奖励，增强他们继续表现礼貌行为的动力。

聚焦问题，不指责孩子

处理问题时，要聚焦具体行为，而不是指责孩子本身。

具体地指出问题

清晰地告诉孩子具体哪里做得不对。例如："今天我们和王阿姨一起吃饭，她给你带了礼物，你没有说'谢谢'，这是不礼貌的表现。"

提供可操作的建议

家长可以向孩子提供具体、可操作的建议，以帮助孩子学会如何礼貌待人。

行为指导

指导孩子在不同情况下的礼貌行为，帮助他们建立正确的沟通习惯。

采用正向引导

家长应采用正向引导，而不是以否认、指责、干涉的方式进行沟通。

共同面对困难

家长要与孩子一起面对问题，提供支持和建议。例如：可以跟孩子说："我们一起来想一想，怎样才能在学校里更有礼貌？"

提供沟通话术清单

给孩子提供具体的沟通话术清单，帮助他们在各种情况下表现得更加礼貌。

在收到礼物时

"谢谢阿姨，这个礼物我很喜欢。"

"谢谢你的礼物，我很感激。"

在请求帮助时

"请问你能帮我一下吗？"

"请帮我拿一下这个东西，可以吗？"

在接受帮助后

"谢谢你的帮助，真是太好了。"

"谢谢你帮我解决了这个问题。"

在表达歉意时

"对不起，我不应该那样做。"

"对不起，让你不高兴了。"

在打招呼时

"你好，今天过得怎么样？"

"早上好，很高兴见到你。"

在告别时

"再见，祝你有美好的一天。"

"再见，希望很快能再见到你。"

在餐桌上

"请你帮我递一下纸巾，谢谢。"

"这个菜真好吃，谢谢你做的晚餐。"

与同学互动时

"可以和你一起玩这个游戏吗？"

"谢谢你让我加入你们的活动。"

在公共场合

"对不起，请让一让。"

"谢谢你，让我先过。"

通过这些方法，家长可以帮助孩子逐步养成文明礼貌的行为习惯，从而帮助孩子在生活中建立良好的人际关系，增强社交能力，促进自我成长。

家长可以给孩子一些训练的机会，比如在带孩子去跟几个同事一起吃饭前，家长可以让孩子准备两套话术，一套是文明礼貌的，一套是没那么文明礼貌的，让孩子自己去尝试，体会哪一套沟通的模式能够得到大家的赞赏。家长也可以自己扮演孩子，让孩子来扮演第三方的这些人，家长按孩子平时的沟通的模式去跟孩子沟通，让孩子自己去体会这样的沟通交流会不会让人感到不舒服。这些示范都强调要用正向的引导，而不是用指责、否认、拒绝的模式来跟孩子沟通。当家长用正向引导的方式与孩子沟通时就是孩子成长的顾问，就是在帮助他、指导他，而不是指责他，沟通效果就会更好。

三五沟通法的应用

我们用三五沟通法这个黄金法则来看看在孩子不讲文明、不讲礼貌的具体情境下，我们怎么来沟通效果比较好？

三五沟通法是用 15 分钟来解决这样的一个问题，共分为三个阶段，每个阶段 5 分钟。

第一阶段：启动积极情绪，建立良好的沟通关系

我们用第一个 5 分钟来构建满足沟通的条件，这样才能启动双方的愉悦状态，为后续的沟通打下基础。家长可以讲一些让孩子愉快的事，也可以温柔地制止孩子当下的不礼貌行为。比如说孩子正在进行一些不礼貌的行为，家长可以把孩子叫过来，蹲下身跟孩子平视，或者拉着孩子的手来进行交流沟通，这个过程可以启动亲子间的亲密关系。你的微笑、你的柔和的语气能够让孩子感到放松。很多家长喜欢用吼叫的方式来让孩子感到害怕，从而停止一些不文明的行为。吼叫确实暂时有效，但它就跟止疼针一样，就长远而言，吼叫的效果只会越来越弱，到了最后吼叫没有用了，孩子的行为就会失控。因此，一开始就采用温柔、平静的沟通方式，效果虽然慢一点，但是会更持久。第一阶段就是要建设沟通时良好的亲子关系，启动双方的愉悦情绪，让双方的情绪状态符合顺利沟通的基本要求。

第二阶段：达成需求上的共识

乐乐妈妈可以这样和孩子沟通："妈妈看你去别人家里一

进门就翻箱倒柜的，这个行为不是很礼貌。你能跟妈妈讲讲为什么要翻别人的东西吗？还是说你感到有些无聊，想看看有什么好玩的东西。如果我到一个新的环境，我也可能有这种想法。但是，如果你自己的东西被别人这样随意地翻动，你会怎么想？所以如果你对一些物品感兴趣，你想要去看一看、瞧一瞧，拿着过来玩一玩，一定要经过主人的同意。如果阿姨没有同意，你就直接翻人家东西，这是不太好的，记住了吗？"这种沟通方式可以让孩子理解你并重视这个事。同时，你也设身处地地通过反复地转换角色，让孩子知道，换作自己，在遇到这种情况时也会不高兴。

第三阶段：制定指向未来的解决方案

"我们先从不随意翻别人的东西做起好吗？不翻别人东西，这是一个底线，是一个红线。我们彼此监督，妈妈以后也不乱翻你的东西。你告诉妈妈哪些东西是不让妈妈随便翻的，我以后都不会去翻。你能答应以后你也不乱翻别人的东西吗？"如果小朋友能答应，你一定要立即给他一个很夸张的表扬："哇，你真的太棒了，这么难的事，你一口就答应我了，妈妈太高兴了。"家长要让孩子感受到他做出这个改变是真的感动到你了，真的打动了你的心，真的让你感到开心。这样的话，孩子做这个改变能够得到一个愉快的缓冲。不要吝啬你的表扬、你的奖赏，哪怕是一个精神上的鼓励，效果也很好。你可以说："妈妈今天一定要大大地奖励你。"即使孩子什么也没干，只是有一个观念上的改变就能得到一个大大的奖励，这样孩子就会特别愿意听你的并在行为上发生改变。

下面的练习可以帮助家长更好地培养孩子的文明礼貌行为。家长可以在练习中与孩子一起进行讨论和实践，在家庭中营造文明礼貌的氛围。

练习步骤

1.讨论文明礼貌的定义

家长可以和孩子一起坐下来，讨论什么是文明礼貌。家长可以向孩子提问："你觉得什么样的行为是文明礼貌的？"

2.列出文明行为清单

和孩子一起列出各种文明礼貌的行为。每个人都提一些文明的行为并将它们罗列成一个清单。比如：

说"请"和"谢谢"。

见面打招呼。

帮助他人。

不打断别人说话。

尊重别人的隐私。

按时完成家庭作业。

在公共场合保持安静。

3.制定家庭中文明礼貌的标准

把大家提出来的行为汇总并将这些行为设为家庭里的文明礼貌标准。让孩子参与到制定规则的过程中，他们会更有参与感和责任感。

4.定期召开家庭会议

每周定期召开家庭会议，讨论一周内每个人在文明礼貌方面的表现。家长可以问孩子："这一周你做了哪些文明礼貌的事？"

5. 选出文明礼貌小达人并给予奖励

每周选出一个表现最好的家庭成员作为文明礼貌小达人，并给予奖励。奖励可以是物质的，也可以是精神的，比如一个小奖品、一顿特别的晚餐或者一个奖状。关键是要让孩子感受到被认可和鼓励。

6. 持续重复

通过持续地重复和鼓励，逐渐将这些文明礼貌的行为内化为孩子的习惯。这个过程需要家长的耐心和坚持。

总结

文明礼貌的习惯不是一蹴而就的，而是通过不断地引导、示范和鼓励逐步建立起来的。通过举行定期的家庭会议和进行文明礼貌小达人的评选，家长可以有效地帮助孩子了解文明礼貌的行为并进行实践，促进他们的社交能力和成长。

本章要点总结

■ 孩子不讲礼貌的六大原因分析

家庭氛围的影响：家人间缺乏礼节礼仪，孩子难以养成礼貌习惯。

学校引导不足：学校缺乏系统的礼貌教育和规则意识训练。

社交圈子的影响：孩子的社交环境影响其礼貌行为。

自尊心受损：教育中羞辱孩子，导致其不在乎他人看法。

行为控制能力弱：孩子行为控制能力弱。

规则意识较弱：孩子缺乏规则意识。

■ 家长的处理原则

以身作则：家长展示良好礼貌行为。

设定规则：明确礼貌行为规则，具体说明。

关注孩子的情绪：关注孩子情绪，及时沟通。

积极反馈：及时给予礼貌行为以肯定和奖励。

聚焦问题，不指责孩子：具体指出问题，避免指责孩子本身。

提供可操作的建议：给出具体可操作的沟通话术清单。

采用正向引导：提出积极建议，共同面对困难。

■ 家庭文明礼貌小达人活动

讨论文明礼貌的定义：与孩子一起讨论礼貌行为。

列出文明行为清单：共同列出文明礼貌的行为清单。

制定家庭文明礼貌标准：让孩子参与制定规则。

定期召开家庭会议：每周总结一周表现，评选文明礼貌小达人。

选出文明礼貌小达人：颁发奖状和奖励。

奖励与鼓励：给予物质或精神奖励。

持续重复：不断重复和鼓励，形成习惯。

总结

习惯养成的
沟通方法论

　　家长爱学习，孩子有出息——这一直是我坚信的理念，也是我写这本书的初衷之一。我能看到每一位正在努力的家长通过学习和实践，一点一滴地让自己变得更好，我真心为你们感到高兴。其实，你们的努力和坚持，本身就已经在给孩子树立最好的榜样。

　　作为一名心理学教授，我深知家长养育孩子的路并不平坦。有时候，孩子不听话让我们疲惫，有时候，他们的挣扎让我们心疼，但在养育孩子的旅程中，这一切都让我们成为更好的自己。如何有效利用本书中的知识来成为更好的家长呢？我在这里为你们总结了一些实用的方法，希望它们能成为你们养育孩子的路上温暖的陪伴。

第一：反复学习，夯实基础

　　本书的内容并不是看一遍就能掌握的，尤其是那些看起来复杂难懂的理论和概念。越是难的部分，越需要反复读，反复思考。就像我们小时候学骑自行车一样，摔了很多次，但只要不放弃，总会学会的。牢固的基础是有效实践的前提，而每一份对夯实基础的扎实的努力，都会在未来某一天带来意想不到的惊喜。

第二：大胆实践，灵活应对

你们知道吗，实践本身其实是充满挑战和乐趣的。在实践中，我们和孩子一起成长、一起磨合，看到孩子逐渐进步，哪怕只是一点点，这都是教养过程中最美好的瞬间。不要害怕失败，不要害怕没有效果，因为这些都是学习和进步的一部分。你的坚持，是孩子进步的最大动力。请相信我，许多家长和你一样，从最初感到困惑，到后来看到这些方法给家庭带来改变，你也可以做到。你不是一个人在这条路上，我们一直在一起。

第三：学会有效沟通，掌握工具

在教养过程中，沟通是桥梁，而有效的沟通是解决问题的钥匙。每当我们和孩子面对冲突或者难题时，我们心里最重要的愿望就是希望他们过得好。所以，我为大家提供了多种沟通工具和方法，例如三五沟通法、分歧处理器、需求共识器等，这些方法能帮助你在跟孩子的互动中变得更加自如。希望这些工具不只是书中的条目，而是能够成为你家庭生活中常用的"好帮手"，让亲子沟通变得更加轻松和愉快。

第四：理解案例背后的因素，举一反三

本书列举了很多典型场景和案例，可能有些家长在阅读时会发现，孩子的情况和书中的情景并不完全一样，这是很正常的。

每个孩子都是独特的，就像他们小小的手掌心一样，纹路各不相同。所以，家长们要学会举一反三，理解问题背后的因素，去体会每一个案例背后孩子的心理特征、环境给孩子带来的影响以及孩子背负的压力。在每一个家庭中，培养孩子好习惯的方法可能略有不同，但爱是共通的。只要你愿意理解和尝试，最终都会找到属于自己和孩子的解决之道。

本书内容回顾与模块梳理

本书共分为五个部分，涵盖了习惯养成的理论与关键实践，从学习状态、生活习惯到心理成长，全方位帮助家长理解并解决孩子成长过程中的各种问题。

第一部分：基础认知篇——习惯的重要性

在这一部分中，我们强调了习惯的重要性和养成的难度。通过两个小节，详细解释了习惯的形成过程和科学规律，帮助家长理解习惯养成的内在机制。这部分内容是家长打牢理论基础的关键。

第二部分：习惯养成的沟通方法

习惯的培养离不开有效的沟通。这一部分为家长提供了习惯养成的基本知识和沟通方法。家长需要对这些基础知识反复进行学习，因为只有打好基础，才能在孩子的行为发生变化时更加自如地应对。

第三至第五部分：具体情境中的习惯养成策略

第三部分：学习中的习惯问题

第四部分：生活中的习惯问题

第五部分：成长中的习惯问题

这三个部分提供了 17 个典型场景，涵盖了学习、生活和成长中的各种习惯问题。在每一个场景中，我们详细探讨了孩子可能遇到的问题，以及家长如何通过科学的沟通方式来引导和处理。**理论与实践相结合**，为家长提供行之有效的解决方案。通过这些内容，家长可以更加系统地应对孩子教育过程中的常见挑战。

总结与延续——未来的挑战与家长的成长

最后一章对本书的所有知识进行了系统总结，并为家长的进一步成长提供了方向，同时鼓励家长在应对挑战时持续学习和成长，成为"成长型的家长"。在这一部分，我们重新梳理了习惯养成和亲子沟通的核心理念，帮助家长在不断变化的教养环境中保持灵活性和应对能力。通过复习核心知识，结合具体案例与沟通策略，家长可以更好地理解和解决未来的新问题。

如何在实践中应用本书理念

在了解了本书五个部分的内容之后，接下来，我希望能更深入地探讨如何将这些理念真正应用到生活中，陪伴你们一起应对具体的挑战。

以下是三个方面的总结，帮助你们在培育孩子的过程中更好地掌握这些核心理念。

掌握核心理念，巩固基础

本书构建了习惯养成和亲子沟通两大核心支柱，这两者的结合涵盖了养育孩子的过程中大部分的问题。习惯的养成是孩子行为形成的基础，而亲子沟通则是确保习惯能够成功塑造的有效途径。用沟通来解决习惯问题，能以最小的精力换取最大的成效，是解决家庭教育问题的一个巧妙设计。

家长需要反复学习本书中的基础知识，尤其第二部分的内容，至少要复习三遍。只要把基础打牢，在实践中你就会发现，原来很多曾让你头痛的问题，其实都有迹可循、可以被理解和解决。习惯是一种程序化的行为反应，是一段通过不断重复形成的自动化记忆。要帮助孩子养成良好习惯，家长需要不断巩固这些基础知识，成为孩子的强有力支持。

沟通是培养习惯的关键

有效的沟通是促进孩子养成好习惯的关键。家长们可能会觉得有时和孩子沟通真的很难，孩子不理解你，你也不知道怎么和他们说话，但其实这是因为亲子之间的沟通桥梁没有架好。在本书中，我们提出了多种沟通工具，如三五沟通法、分歧处理器、需求共识器等工具，希望这些工具能成为你们在家庭生活中的得力助手，帮助你们与孩子之间建立更好的联结。

在实际应用时，我们还需要考虑孩子的年龄和成长阶段。比如说，对于小学生，我们更多的是进行行为示范和积极引导，而对于初中生和高中生，家长则需要兼顾行为和认知的引导，让认知和行为并驾齐驱可以取得更好的效果。这样，沟通才能真正起到作用，孩子也才能慢慢感受到父母的爱与关怀。

举一反三，融会贯通

孩子的成长环境和习惯问题是各不相同的，不可能局限于书中的 17 个场景。因此，家长需要学会举一反三，融会贯通。只有掌握基础理论和具体工具，不断思考和提问，才能在面对新的挑战时更加从容。面对复杂的问题，先把它们分解成可以理解的小部分，再通过学习和实践找到解决的办法。这就是"举一反三"的关键所在。

和其他家长的交流也是非常重要的学习方式。不要只是互相传递焦虑，而是应当互相分享知识和经验。通过交换案例、探讨解决方法和反馈效果，家长们可以在集体中不断进步，形成一个知识型家长朋友圈，让养育之路变得更加顺畅。只有家长不断成长，才能改变家庭环境和引导孩子不断进步。

成为"成长型"家长，与孩子共同进步

最后，我希望每一位家长在养育孩子的旅程中，都能成为一个"成长型的家长"。养育孩子的路并不是一条直线，我们会遇到弯路、遇到逆境，但正是这些曲折和挑战让我们和孩子一起成长。作为家长，不必追求完美，但只要我们愿意不断学习和改进，我们就能给孩子最好的陪伴和引导。

在家庭中，不妨把自己看作和孩子一起成长的小伙伴，彼此支持、共同探索。这不仅让教育变得不再是一种负担，更成为一种愉快的陪伴。学习如何帮助孩子，其实也是学习如何更好地爱他们。每个孩子都是一棵等待绽放的小树，而家长就是陪伴他们成长的园丁。

在养育孩子的这条路上，有太多的未知和挑战，但也有更多的美好和感动。看到孩子的一次微笑，看到他们解决问题后的自信，看到他们渐渐变得更独立、更坚强，这一切都是我们付出的

回报。这种回报不是立竿见影的，而是在生活的每一个小细节中慢慢呈现的。

我知道养育孩子并不容易，你们可能在许多个夜晚感到孤单，可能有些时刻对自己感到怀疑。但请记住，你们并不孤单，我们是在一起的。本书所提供的每一个方法和工具，都是在无数家庭中经过时间检验的，它们既有科学的支持，也带着一种人性化的关怀和温暖。

我的愿望是，希望本书能够成为你们家庭教育中的一个小小支持，成为你们在困惑时的一个朋友，一束光，一本你可以随时查阅的参考书。无论你们什么时候需要它，它都在这里，陪伴你们，指引方向。

最后，我非常高兴通过这本书与你们相识，和你们一起学习、一起成长。养育孩子是一条充满挑战的路，但也充满了温暖和幸福。让我们一起努力，共同见证孩子们从稚嫩到坚强、从困惑到自信的成长之旅。

加油吧，家长们！你们的努力终将造就孩子美好的未来。